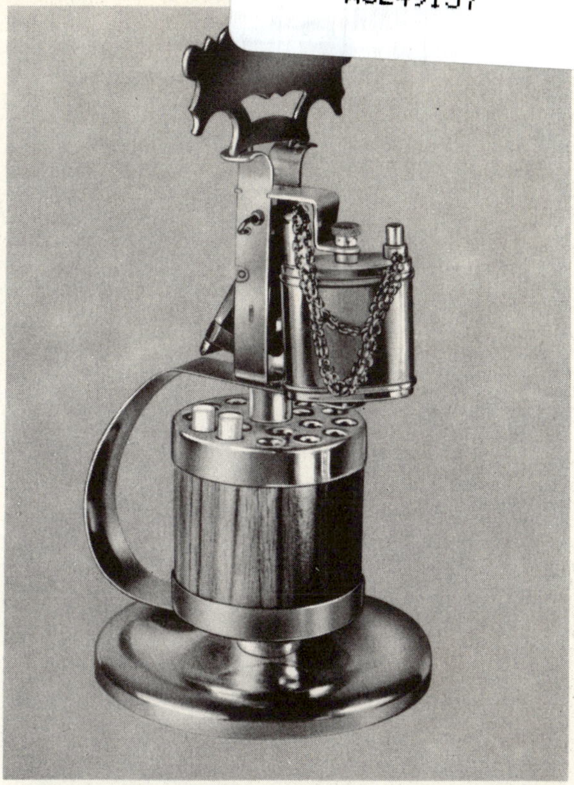

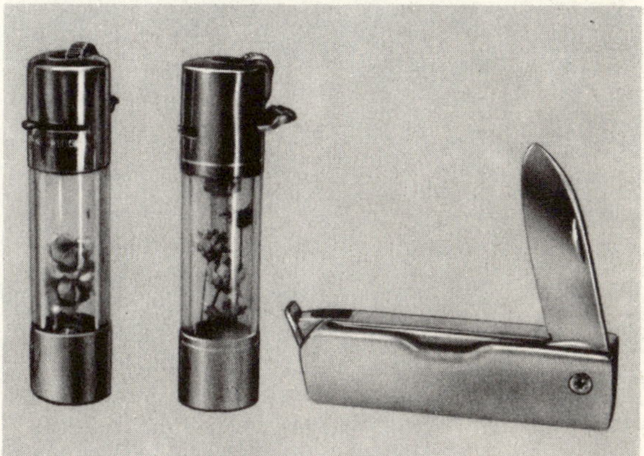

Brandes/Jarschel · *Feuer und Flamme*
Interessantes vom Feuerzeug

GEORG BRANDES
ROLF JARSCHEL

Feuer und Flamme

Interessantes vom Feuerzeug

Mit 82 Bildern

VEB Fachbuchverlag Leipzig

Vorsatzpapier vorn und hinten:
Vom Pinkfeuerzeug bis zum Solarfeuerzeug – internationale Kuriositäten aus der Sammlung Jarschel im Kreismuseum Merseburg

Brandes, Georg:
Feuer und Flamme : Interessantes vom Feuerzeug / Georg Brandes; Rolf Jarschel. – 1. Aufl. – Leipzig : Fachbuchverl., 1988. – 150 S. : mit 82 Bild.
NE: 2. Verf.:

ISBN 3-343-00453-7

1. Auflage
Lizenznummer: 114-210/36/88
LSV 3009
Verlagslektor: Angela Szargan
Gesamtgestaltung: Christine Graichen, Leipzig
Printed in GDR
Gesamtherstellung: Offizin Andersen Nexö, Graphischer Großbetrieb, Leipzig III/18/38
Redaktionsschluß: 15. 1. 1988
Bestellnummer: 547 442 9
02050

Inhaltsverzeichnis

»Das Feuer ist ein guter Diener,
aber ein schlechter Meister.«

Was ist Feuer?

Wahrscheinlich überlegten sich schon die ersten denkenden Menschen, wie die Dinge und Vorgänge ihrer vertrauten Umwelt zu erklären sind. Diese Betrachtungen waren totemistischer Natur, d. h., pflanzliche und tierische Wesen dienten zur Erklärung bestimmter Erscheinungen. Es entstanden Mythen, die später in religiöse Anschauungen übergingen. Aber nicht nur Pflanzen und Tiere, sondern auch die großen Naturkräfte wurden Gegenstände religiös-magischer Verehrungen. Erst im Verlauf von vielen tausend Jahren erkannte der Mensch die Naturgesetze und konnte damit die Erscheinungen seiner Umwelt erklären. Es ist verständlich, wenn am Anfang der Menschheitsentwicklung die mythische Beschreibung der Naturerscheinungen stand. So war eben das Feuer zunächst göttlicher Herkunft; die Prometheussage findet sich bei vielen Völkern des Altertums und bei Naturvölkern der heutigen Zeit.

In dem Maße, wie die Menschen lernten, neue Werkzeuge, bessere Kleidung und feste Häuser herzustellen, änderten sich auch ihre Anschauungen. Bereits die frühen griechischen Philosophen stellten in den Mittelpunkt ihrer Betrachtungen die Frage nach dem Ursprung der Stoffe. Im 6. Jahrhundert v. u. Z. nahm *Anaximander* die Entstehung der Dinge nicht infolge einer qualitativen Veränderung eines Urelements an, sondern durch ein Ausscheiden der Gegensätze auf Grund der ewigen Bewegung. Er behauptete, die von Ewigkeit her zeugende Kraft des Warmen und Kalten habe sich bei der Entstehung dieser Welt ausgeschieden, und es sei daraus eine Kugelhülle aus Feuer um die die Erde umgebende Luft herausgewachsen, wie die Rinde um den Baum. *Heraklit* aus Ephesos, einer der bekanntesten vorsokratischen Philosophen, betrachtete das Feuer als den Urgrund und ließ aus dem Feuer die Dinge durch Verdichtung und Verdünnung entstehen: Alles ist Austausch des Feuers und das Feuer Austausch von allem, gerade wie für Gold Waren und für Waren Gold eingetauscht wurden.

Bei dem im 5. Jahrhundert v. u. Z. lebenden Philosophen *Empedokles* tauchte zum ersten Mal das Prinzip der vier Elemente Wasser, Luft, Feuer und Erde auf: Diese vier Elemente dauerten ewig und hätten keine Entstehung, sondern vereinten sich nur in größerer oder geringerer Menge zur Einheit und trennten sich wieder aus der Einheit.

Leukipp, von dem wir nur wissen, daß er in Milet aufgewachsen und in der unteritalienischen Stadt Elea der Schüler *Zenons* war, lebte etwa 450 bis 370 v. u. Z. Aus Berichten seiner Schüler ist bekannt, daß er das »Volle« aus Atomen zusammengesetzt erklärte. Diese materialistische Welterklärung wurde von seinem Schüler *Demokrit* aus Abdera weiter ausgebaut. *Platon* übernahm in seinen frühen Schriften die Ansichten des *Empedokles* vom Prinzip der vier Elemente. Später brachte er jedoch die Elemente in Beziehung zu geometrischen Körpern, und da es fünf regelmäßige Polyeder gibt (Tetraeder, Oktaeder, Ikosaeder, Hexaeder und Dodekaeder), vermutete er auch noch ein fünftes Element, den Äther. Dem Feuer ordnete *Platon* das Tetraeder

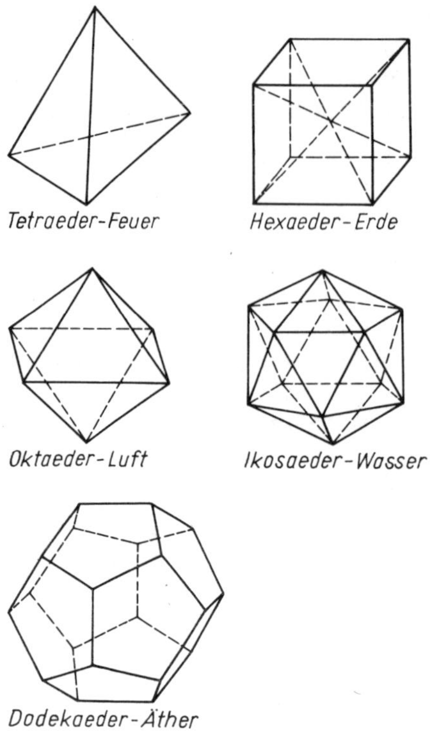

Die fünf platonischen Körper

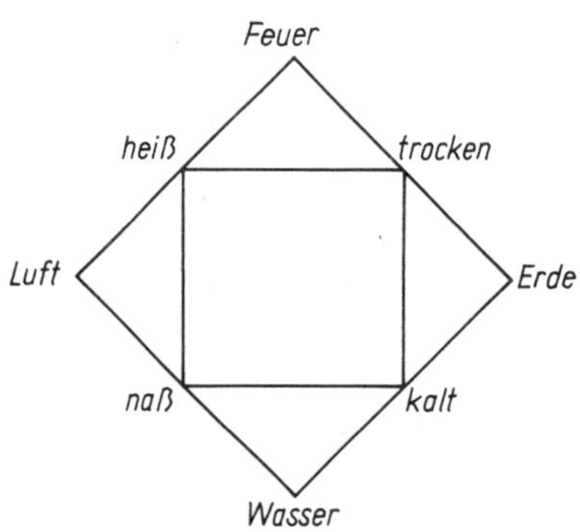

Das Elementenviereck von Aristoteles – Symbol der Beziehungen zwischen den Elementen

zu, der Luft das Oktaeder, dem Wasser das Ikosaeder, der Erde das Hexaeder und dem Äther das Dodekaeder (eigentlich erst von einem seiner Schüler erwähnt).

Platons Schüler *Aristoteles* übernahm zum großen Teil diese Lehren, versuchte sie aber durch Naturbeobachtungen näher zu erläutern. Das Feuer war trocken und warm, das Wasser feucht und kalt, die Luft feucht und warm, die Erde kalt und trocken. Immer zwei Elemente unterschieden sich also in den Haupteigenschaften, sie bildeten unvereinbare Gegensätze. Die jeweils anderen beiden stimmten in einer Eigenschaft überein, vereinigten sich als verwandte Elemente miteinander und konnten unter bestimmten Bedingungen auch ineinander übergehen. Das fünfte Element, der Äther, erfüllte den Himmelsraum. *Aristoteles* bestimmte bis in das Mittelalter mit seinen Theorien das Denken der Naturwissenschaftler.

Erst der niederländische Arzt und Chemiker *Johann Baptist van Helmont* widerlegte im 17. Jahrhundert die Theorie von *Aristoteles*, daß Feuer und Erde Elemente seien.

Anfang des 18. Jahrhunderts erkärte der deutsche Arzt und Chemiker *Georg Ernst Stahl* das Verbrennen eines Stoffes mit der sogenannten Phlogistontheorie. Das Wort Phlogiston wurde schon von *van Helmont* eingeführt, es leitete sich vom griechischen Begriff phlox, d. h. Flamme, ab. Alle Vorgänge, die wir heute mit Sauerstoffaufnahme bzw. Elektronenabgabe erkären, also Oxydationen, waren nach *Stahl* mit einer Abgabe von Phlogiston verbunden. Umgekehrt wurden Reaktionen, die wir heute als Reduktionen erklären, mit einer Aufnahme von Phlogiston beschrieben.

Antoine Laurent Lavoisier, 1743 geboren und während der französischen Revolution 1794 auf Grund seiner Tätigkeit als Generalpächter hingerichtet, war durch seine experimentellen Arbeiten und seine umfassenden theoretischen Kenntnisse einer der Begründer der modernen Chemie. Ihm ge-

lang es, das chemische Element im heutigen Sinn als chemisch nicht weiter zerlegbare Substanz zu definieren. Die zwei nach *van Helmont* noch übriggebliebenen »Elemente« des *Aristoteles*, nämlich Luft und Wasser, konnte er eindeutig als Gemisch bzw. Verbindung aus verschiedenen Elementen identifizieren.
Lavoisier erklärte auch den Verbrennungsvorgang. Den Sauerstoff fand er aber nicht, wenngleich er selbst diesen Eindruck zu erwecken suchte.
Der eigentliche Entdecker des Sauerstoffs war *Carl Wilhelm Scheele*. 1742 wurde er in dem seit dem Westfälischen Frieden zum Königreich Schweden gehörenden Stralsund geboren. Er arbeitete vor allem in den schwedischen Städten Stockholm, Uppsala und Köping als Apotheker. Im Juni 1771 beobachtete er das Auftreten von sogenannter Vitriolluft (aer vitriolicus) beim Erhitzen von Braunstein mit konzentrierter Schwefelsäure. Diesem Vorgang entspricht die Gleichung

$$MnO_2 + H_2SO_4 \rightarrow MnSO_4 + H_2O + \tfrac{1}{2} O_2.$$

Scheele bezeichnete die Vitriolluft als Feuerluft und schrieb 1775 einen Aufsatz unter dem Titel »Chemische Abhandlung von der Luft und dem Feuer«. Leider wurde dieser Artikel erst 1777 veröffentlicht, so daß oft der englisch-amerikanische Gelehrte *Joseph Priestley* als Entdecker des Sauerstoffs angesehen wird, da er am 1. August 1774 mit Hilfe eines Brennglases »Luft« aus Quecksilberoxid freisetzte:

$$HgO \xrightarrow{\text{Wärme}} Hg + \tfrac{1}{2} O_2.$$

Priestley war, wie auch *Scheele,* Anhänger der Phlogistontheorie. Im Oktober 1774 traf *Priestley* mit *Lavoisier* zusammen. Er erzählte ihm von der Zersetzung des »kalzinierten« Quecksilbers, wie damals das Quecksilberoxid genannt wurde. *Lavoisier* interpretierte diesen und ähnliche, von ihm selbst durchgeführte Versuche zunächst noch nicht als die Bildung des Elementes Sauerstoff.

Das entscheidende Experiment zur Erklärung des Verbrennungsvorganges, des »Verkalkens«, wie man damals sagte, wurde im Februar 1775 durchgeführt. In einem Vortrag, den *Lavoisier* am 26. April an der Pariser Akademie hielt, berichtete er »über die Natur des Prinzips, welches sich mit den Metallen bei ihrer Verkalkung verbindet und ihr Gewicht erhöht«. Er teilte darin mit, daß seine Deutung des Verbrennungsprozesses weniger widerspruchsvoll sei als die Phlogistontheorie. Aber erst 1783 erklärte er in seiner Veröffentlichung »Über das Phlogiston« die Stahlsche Theorie für falsch. Im gleichen Jahr gelang es ihm auch, das Element »Wasser« durch Überleiten über glühendes Eisen in Wasserstoff und an Eisen gebundenen Sauerstoff zu zerlegen. 1789 legte *Lavoisier* dann im Hauptwerk »Traité élémentaire de chimie« seine Ansichten über den Verbrennungsvorgang dar.
Zusammen mit *Pierre-Simon Laplace* schrieb er das Buch »Memoiren über die Wärme«. Hierin werden die Grundlagen der Thermochemie beschrieben. Das erste Gesetz der Thermochemie, das auch unter der Bezeichnung Gesetz von *Lavoisier* und *Laplace* bekannt wurde, lautet:
»Die Wärme, die bei der Zerlegung irgendeiner Verbindung in die Elemente aufgenommen (abgegeben) wird, ist betragsmäßig gleich der Wärme, die bei der Bildung dieser Verbindung aus den Elementen abgegeben (aufgenommen) wird.
Inzwischen ist allgemein bekannt, daß zur Verbrennung eines Stoffes (im engeren Sinn) Sauerstoff erforderlich ist. Es bilden sich sauerstoffhaltige Verbindungen. Bei der vollständigen Verbrennung organischer Stoffe entstehen Kohlendioxid und Wasser, beim Verbrennen anderer Stoffe, z.B. Schwefel oder Phosphor, entstehen die jeweiligen Oxide.
Damit die Verbrennungsreaktion ablaufen kann, muß Aktivierungsenergie zugeführt werden. Bei einigen Stoffen ist die erforder-

liche Aktivierungsenergie gering, so daß eine Entzündung bereits bei Zimmertemperatur erfolgt. Andere Stoffe benötigen mehr Energie, um die Entzündungstemperatur zu erreichen. Danach ist die Reaktionsgeschwindigkeit sehr groß; die Verbrennung verläuft unter Abgabe von Wärme, sie ist exotherm.

Es ist auch bekannt, daß beim Verbrennen, also bei der Erzeugung von Feuer, Strahlungsenergie frei wird. Dieses Licht entsteht, indem Elektronen aus dem Grundzustand im Atom durch Energiezufuhr in einen angeregten Zustand übergehen und beim Zurückfallen in den ursprünglichen Zustand die aufgenommene Energie wieder abgeben. Feuer ist Wärme und Strahlungsenergie, durch Verbrennen entstanden und als Lichterscheinung in Form der Flamme erkennbar.

»Man bekommt nicht immer Feuer mit dem ersten Schlag.«

Von Urzeiten und Legenden

Entscheidend für die Menschwerdung war das Verwenden und Herstellen von Werkzeugen. Als »Werkzeugmacher« sonderte sich der Mensch endgültig vom Tierreich ab. Wahrscheinlich lebte dieser Homo habilis, d. h. der zur Geräteherstellung befähigte Mensch, vor etwa 1,5 Mill. Jahren in Afrika. In dem Maße, wie die auch als Habilinen bezeichneten Menschen einfache Produktionsmittel schufen, konnten sie mehr Nahrung gewinnen.

Wann der Mensch begann das Feuer zu verwenden, ist ungewiß. Ursprünglich wird er es als seinen Feind betrachtet haben, als eine Gefahr für ihn selbst. Erst später hat er seinen Nutzen und den vielfältigen Gebrauch kennengelernt.

Auf den ältesten Fundorten aus der Zeit der Urmenschen konnten bisher keinerlei Feuerstellen nachgewiesen werden; das bedeutet jedoch nicht, daß das Feuer noch nicht genutzt wurde. Vielleicht hatte Wasser das aus organischen Substanzen bestehende Material im Laufe der Zeit weggeschwemmt. Wahrscheinlich haben sich bereits die Habilinen das Feuer nach Vulkanausbrüchen angeeignet und insbesondere zur Zubereitung von fleischlicher Nahrung genutzt.

Antike Schriftsteller (*Lukrez* und *Vitruv*) haben vermutet, daß der Wind ein so heftiges und andauerndes Gegeneinanderreiben von Baumzweigen oder Bambusstämmen bewirken könne, daß dadurch Brände entstehen. Von Forschungsreisenden und Ethnologen wird dieser Vorgang bezweifelt, obwohl einige Mythen von Naturvölkern darüber berichten. Sicherlich werden unsere Vorfahren das Feuer auch durch Blitzschlag kennengelernt haben.

Wollten diese ersten Menschen das Feuer nutzen, so mußten sie zunächst lernen, es sorgfältig zu bewahren. Bei Naturvölkern des 20. Jahrhunderts hat man beobachtet, daß ein Ast oder ein Stück Rinde als glimmender Feuerstock von Wohnsitz zu Wohnsitz getragen wurde. Australische Ethnologen nehmen sogar an, daß der Feuerstock der wichtigste Besitz der australischen Ureinwohner war. Dieser Feuerstock glimmt an einem Ende und wird mit schwingender Bewegung getragen.

Als die Menschen lernten, Feuer zu erzeugen

Zweifelsfreie Zeugnisse der Feuerverwendung wurden erstmals bei dem Homo erectus pekinensis, einem aufrechtgehenden Menschen, nachgewiesen. In Choukoutien, in der Nähe von Peking, hat man Wohnplätze mit Feuerstellen gefunden. Die Feuerstätte, an der man einige Schädel und Skelettreste ausgraben konnte, wird als Spalte von ursprünglich 50 m Tiefe, 50 m Breite und 175 m Länge beschrieben. Hier lebten vor 400000 Jahren Menschen, die das Feuer nutzten. Man entdeckte Ascheschichten von erstaunlicher Dicke, was darauf hindeutet, daß das Feuer längere Zeit unterhalten wurde. Außerdem fand man einen offenen Lagerplatz mit Resten von Holzkohle und verbrannten Knochen.

Wann lernten nun die Menschen, selbständig Feuer zu erzeugen? Diese Frage ist sehr schwer zu beantworten. Es gibt Forscher, z. B. *Martin Gusinde*, die der Meinung sind, daß das Feuermachen zum ältesten Kulturbesitz der Menschen gehöre. Demgegenüber vertreten andere Wissenschaftler, wie *Rudolf Feustel*, die Meinung, der Mensch habe erst verhältnismäßig spät gelernt, Feuer zu erzeugen. Es ist tatsächlich trotz unserer theoretischen Kenntnisse sehr schwer, Feuer zu schlagen oder mit Holz zu bohren.

Der Mensch, der vor etwa 40000 Jahren lebte, hatte Geräte, die deutlich eine kulturelle Höherentwicklung gegenüber dem Frühmenschen aufweisen. Dieser Homo sapiens (vernunftbegabte Mensch) war in der Lage, Feuer selbst zu erzeugen. Die Häufigkeit von Feuerstellen an den Fundorten des Neanderthalers ist dafür ein Beweis.

Zwei Methoden der Feuererzeugung könnten unsere Vorfahren angewandt haben: durch Reiben geeigneter Hölzer oder durch Schlagen mit Steinen. Die Frage, welche Methode die ältere ist, kann nicht eindeutig beantwortet werden. Es war aber sicherlich eine große geistige Leistung erforderlich, um die Schlußfolgerung zu ziehen, daß die durch Reiben von Holz entstandene schwache Erwärmung bei intensiverem Bearbeiten zum Feuermachen ausgenutzt werden kann. Andererseits ist das Feuer in Form von Funken beim Aneinanderschlagen von sogenannten Silexsteinen (Feuersteinen), wie sie für die Herstellung von Werkzeugen verwendet wurden, direkt sichtbar. Berichte über das Feuermachen bei Naturvölkern beweisen allerdings, daß sich nur durch die Verwendung von meist präpariertem Zunder oder zunderähnlichem Material Feuer erzeugen läßt. Viel geeignetere Funken zum Feuererzeugen erhält man, wenn Feuerstein gegen Pyrit geschlagen wird. Aufgrund von Funden kann das Feuerschlagen als die ältere Methode des Feuermachens angesehen werden.

In einer Höhle von Trou de Chaleux in Belgien wurde vor 15000 Jahren zweifelsfrei Pyrit zum Feuererzeugen benutzt. An dem Pyritstück hatte sich durch systematisches Schlagen eine Furche ausgebildet.

In Star Carr, einem Ort unweit der Meeresküste Nordenglands am Flusse Hertford, fand man 1953 u. a. angekohlte Äste aus Birkenholz. In der Nähe lagen Feuersteine mit glattgewetzten Seiten sowie abgestoßene Bruchstücke von Pyrit. Der außerdem gefundene Zunderschwamm (Fomes fomentarius), der auch an Birkenstämmen wächst, deutet daraufhin, daß die Ureinwohner die durch Schlagen der Feuersteine mit Pyrit entstandenen Funken mittels Feuerschwamm zum Glimmen brachten. Die Naturkraft Feuer war ein Arbeitsmittel geworden, welches die zukünftige Entwicklung der Menschheit mitbestimmt hat. Nach *Friedrich Engels* war die Erfindung des Feuermachens eine der entscheidendsten Entdeckungen: »Das Reibfeuer gab dem Menschen zum erstenmal Herrschaft über eine Naturkraft und trennte ihn damit endgültig vom Tierreich.« Der Feuerplatz wurde zum Mittelpunkt des Lebens auf dem jetzt oftmals besonders hergerichteten Wohnplatz.

Die Methode der Feuererzeugung durch Schlagen war noch in diesem Jahrhundert bei den Buschmännern Afrikas sowie bei den Feuerländern üblich.

Solange man über den Umfang der Holzbearbeitung im Paläolithikum (Altsteinzeit) aufgrund der wenigen Funde nur unzureichend informiert ist, kann nicht eindeutig gesagt werden, ob damals schon das Feuer durch Bohren von Holz, durch Hobeln, durch Sägen oder durch Reiben auf Feuerpflügen erzeugt wurde. Mit dem Beginn der Geschichte der menschlichen Gesellschaft gibt es Zeugnisse sowohl über das Feuerschlagen als auch über das Feuerreiben.

Mythen vom Feuer

Die Redensart »es geht nichts über das Feuer der Magier«, deutet daraufhin, daß es Menschen gibt, die wie die Feueranbeter eine Erscheinung verehren, die sie verbrennen kann. Das Feuer hatte bei unseren Vorfahren doppelte Bedeutung: Es galt als dämonenverscheuchend, war aber auch die Quelle von Wärme und Licht. Im Unterschied zu anderen frühzeitlichen »heiligen« Gegenständen, wie etwa Steine und Wasser, wurde es vom Menschen selbst entdeckt und immer neu erzeugt. Dieser sowohl mythische als auch menschliche Charakter kommt in der Prometheus-Sage zum Ausdruck. Wie die alten Griechen berichten, war den Menschen von einem Verwandten der Götter, Prometheus, Schutz und Hilfe zuteil geworden. Die Menschen bedurften dieses kraftvollen Freundes, denn sie waren unwissend und unbeholfen den Mächten der Natur ausgesetzt. Da erbarmte sich Prometheus und schenkte ihnen das Feuer, das bis dahin die glücklichen Götter allein besessen hatten.

Prometheus' Gabe erhob den Menschen über die Tierwelt. Fror er, vermochte er nun ein Feuer anzuzünden, auf dem sich Nahrung zubereiten ließ. Der Mensch lernte, aus Lehm Ziegel zu brennen und ein festes Haus zu bauen. Die im Schoß der Erde verborgenen Erze konnten geschmolzen werden. Der Mensch schmiedete sich Werkzeuge und Waffen. Während er lernte, Rohstoffe seinem Bedarf gemäß umzuwandeln, entwickelte er sich auch selbst; seine Hände wurden geschickter, sein Gehirn häufte immer mehr Erfahrungen an. Er lernte, seine schöpferische Tätigkeit und ihre Wirkungen immer planmäßiger zu berechnen. Deshalb meinten die Griechen, Prometheus habe, als er die Menschen mit dem Feuer beschenkte, auch das Licht des menschlichen Selbstbewußtseins entzündet.

Aber die Götter, so spann die Phantasie den Mythos weiter, neideten den Menschen das Geschenk des Prometheus. Zeus, der als höchster der Götter über die ganze Welt herrschte, ließ Prometheus, den Wohltäter der Menschen, von Hephaistos, dem göttlichen Schmied, an einen Felsen ketten. Hier erduldete Prometheus jahrhundertelang die Hitze des Sommers und die kalten Stürme des Winters. Seine Leber, die stets wieder nachwuchs, wurde Tag für Tag von einem Adler, dem Vogel des Zeus abgefressen. Herakles, der von einer sterblichen Mutter geborene Sohn des Zeus, befreite schließlich Prometheus.

Das Feuer war also nach dieser Sage himmlischen Ursprungs, wurde aber vom Menschen erworben, er lernte es beherrschen. Es war zugleich übernatürliche Kraft und menschliche Errungenschaft. Kann es da verwundern, daß das Feuer überall in der Welt verehrt wurde? Feuer war das zauberhafte Mittel, um die wärmende Kraft der Sonne nachzubilden. Durch Tanzen und Überspringen des Feuers glaubte man, sich neue Kraft aneignen zu können.

Zu Ehren des germanischen Gottes Wotan veranstaltete man Feste, an denen Frühlingsfeuer brannten. Diese waren als Symbole der Fruchtbarkeit gedacht. Das Entfachen des Frühlingsfeuers zu Ostern bedeutete, daß der Dämon Winter verbrannt wurde. Vor allem in den indogermanischen Religionen spielte das Feuer eine wichtige Rolle. Das Herdfeuer war das Zentrum im indogermanischen Haus. Der indische Feuergott Agni heißt der »nieverreisende große Herr des Hauses«.

Im antiken Rom wurde dem Feuer Zeugungskraft zugeschrieben, darum stand das Ehebett neben dem Herd.

In der Veda, einer Sammlung von Schriften indischer Literatur, geschrieben 800 Jahre v. u. Z., wird das Anzünden des Feuers durch einen Holzbohrer verglichen mit der Zeugung. Nach einem altindischen Hochzeitsritus führte man die Braut um das Feuer, und das Hochzeitsfeuer wurde zum steten Hausfeuer, das der Hausherr als Feueranleger ständig zu schüren hatte. Er brachte dem Feuer auch vor und nach jeder Reise seine Verehrung dar.

Bei den alten Griechen war der Herd bzw. das Feuer die Schutzstätte der Familie. *Heraklit*, der Philosoph aus Ephesus, betrachtete das Feuer als Grundwesen aller Dinge. Er führte seine Gäste mit den Worten »et hic dii sunt« an das Herdfeuer. Dieser Ausspruch bedeutet: Und hier sind die Götter.

In einigen Gegenden, vor allem in Afrika, wurde das heilige Herdfeuer zum unauslöschlichen Stammes- und Volksfeuer, das Priesterinnen und Priester besonders hüteten. In dieser Form wurde das Feuer ebenso im alten Peru sowie in Mexiko verehrt und im Sonnentempel zu Peru zu den Sonnenwendfeiern entzündet. Aber auch in Europa, besonders in Irland, war der Feuerkult verbreitet. In heidnischer Zeit war es das Feuer der Weisheitsgöttin Brigit, später das Feuer der heiligen Äbtissin *Brigit von Kildare*, das von Nonnen bewahrt wurde.

Nach *Plutarch* hüteten im antiken Griechenland, in Athen und Delphi, Frauen, die dem ehelichen Verkehr entsagt hatten, das Feuer.

Eine besondere Bedeutung besaß der Kult des heiligen Staatsfeuers im Vesta-Tempel zu Rom. *Cicero*, der große Staatsmann und Gelehrte, nannte das Feuer im Vesta-Tempel den »Altar des unsterblichen Volkes«. Vesta, die Göttin des häuslichen Herdes, sicherte den häuslichen Frieden. So, wie jede Familie um einen Herd herum wohnte, in dem das Feuer nie ausgehen durfte, hatten die Bürger der Stadt bzw. des Staates als eine große Familie ebenfalls einen gemeinsamen Herd. Dieses Feuer, das im kreisförmigen Tempel der Vesta ständig brannte, wurde von den Vestalinnen gehütet. Ihr höchster Priester, der sogenannte pontifex maximus, wählte die Vestalinnen oft schon in frühester Jugend aus den vornehmen Familien Roms aus. Die Vestalinnen hatten ein so großes Ansehen, daß sie zum Tode Verurteilte begnadigen konnten. Sie wurden aber selbst zum Tode verurteilt, wenn durch ihr Verschulden das heilige Feuer erlosch.

Auch dem altpreußischen Donnergott Perkunas wurde in den Wäldern ein ewiges Feuer unterhalten.

In Japan gehört der buddhistischen Tendai-Sekte ein Tempel auf dem Berge Hiei. Hier brennt seit Jahrtausenden ein ewiges Feuer.

In der altiranischen Religion ist der Feuerkult Hauptbestandteil des Gottesdienstes. Ahura Mazda ist der Gott der reinen Elemente: Erde, Wasser und vor allem Feuer. Ihm zu Ehren kannte man ursprünglich nur einen im Freien tragbaren Feueraltar, der von den Feuerpriestern, den athravan, getragen wurde. Später errichtete man Feuertempel zu Ehren des Gottes Mithras (dahr in Mihr – Pforte des Mithras). In diesen Tempeln ist das Allerheiligste, das ädarän, das Feuergemach. Der Raum ist nach allen Seiten gegen Licht von außen geschützt. Auf einem quadratischen Stein befindet sich in einem metallenen Behälter das heilige Feuer, das kein Odem verunreinigen und keine Menschenhand berühren darf. Der mobed, das ist der Priester, trägt bei seinem Dienst eine Mundbinde und Handschuhe. Er schürt das Feuer, in dem wohlriechendes Brennholz verbrannt wird, mit rituell gereinigter Zange und Löffel fünfmal täglich zur Gebetsstunde. *Pierre Daniel Chantepie de la Saussaye* hat in einem Lehrbuch der Religionsgeschichte diesen Tempel als einen »Mikrokosmos der Reinheit, durch den die Natur wie das menschliche Leben geläutert werden«, bezeichnet.

Bei den germanischen Völkern gab es eine besondere Form des heiligen Feuers, das Notfeuer. Traten Seuchen bei Menschen und Vieh auf, so wurden alle Feuer ausgelöscht. Die Gemeinde versammelte sich am frühen Morgen vor Sonnenaufgang. Unter Schweigen setzten zwei keusche

Jünglinge trockene Hölzer der Eiche oder Roterle durch Reiben in Brand. Mit diesen Hölzern entzündete man einen Holzstoß, zu dem aus jedem Haus Stroh und Buschholz gebracht wurde. Dann jagte man das Vieh zwei- oder dreimal durch die Flammen, tanzte bei Gesang um das Feuer, warf Opfergaben hinein, sprang über die Flammen und schwärzte sich gegenseitig das Gesicht mit heilkräftiger Holzkohle, riß brennende Scheite aus dem Feuer und beräucherte damit die Felder, Wiesen und Bäume. Jeder Hausvater nahm ein brennendes Scheit mit, um damit das heimische Feuer wieder anzuzünden. Die Asche des Notfeuers wurde gesammelt und als Heilmittel gegen Krankheiten verwendet.

Vielleicht ist das Abbrennen von Kerzen zu bestimmten Festtagen eine Erinnerung an diese Feuerkulte. Die verschiedenen uralten Bedeutungen des Feuers leben fort im Sonnenzauber, in der Dämonenverscheuchung und im »ewigen Feuer« des Hauses. Zur Wintersonnenwende, zu den Saturnalien, schenkte man sich im alten Rom Kerzen. Bereits damals wurden auch dämonenverscheuchende Kerzen auf Gräbern angezündet. Am Allerseelentag, das ist der 2. November, werden noch heute in katholischen Gegenden brennende Kerzen auf die Gräber gestellt. Ähnliches geschieht zu bestimmten Tagen auf islamischen Heiligengräbern.

Obwohl christliche Schriftsteller wie *Tertullian* und *Lactanius* etwa 100 Jahre nach der Zeitenwende die Sitte des Lichteranzündens vor Götterbildern bekämpften, wurde sie vom christlichen Kult übernommen. Kerzen standen vor, später auch auf Altären; sie brannten und brennen vor Heiligenbildern. In der Synagoge, aber auch in der orthodoxen Kirche brennt ein »ewiges Licht« als Symbol für die Gegenwart Gottes. Die Idee des »ewigen Feuers« lebt hier weiter. Das gilt auch für die Osterkerze, die das Sinnbild des auferstehenden Christus sein soll, bzw. für das Feuer, das im Alten und Neuen Testament als Gleichnis für das Wirken Gottes steht. In den Sprüchen Salomos erscheint das Feuer als ein gebundenes Tier, das schläft. Das entbundene und geweckte Tier kann schreiten, springen, greifen und rauben, um seinen unersättlichen Hunger zu stillen.

»Ohne Feuer ist kein Leben.«

Feuererzeugung in alter Zeit

Die Entwicklung der menschlichen Gesellschaft wäre ohne das Erzeugen von Feuer durch den Menschen nicht möglich gewesen. Er hatte gelernt, Feuer künstlich zu gewinnen und für seine Zwecke zu nutzen. Die Erfahrungen einzelner, z. B. beim Herstellen von Werkzeugen oder bei der Erzeugung von Feuer, wurden als äußere Tätigkeitsmuster gesellschaftlich weitergegeben.

Das Feuerschlagen mit Steinen und das Feuerbohren waren schon in der Urgesellschaft verbreitet. Regional unterschiedlich entwickelten sich diese Methoden allmählich weiter.

Feuerbohrer in Ägypten

Malereien in Gräbern aus der Zeit des Alten Reiches (um 2800 bis 2270 v. u. Z.) zeigen bereits Feuerbohrer. Auch die frühe Hieroglyphenschrift, die aus verschiedenartigen Einzelbildern besteht, verwendet auf Inschriften aus der noch älteren 2. Dynastie das Bild des Feuerbohrens zur Bezeichnung eines Lautwertes. Aus der Zeit des Mittleren Reiches (um 2040 bis 1730 v. u. Z.) blieb die Darstellung eines Mannes erhalten, der einen Feuerbohrer betätigt. Sie zeigt, wie der Mann mit einem Bogen den Holzstab auf einem mit Vertiefungen versehenen Brett bewegt.

In der Geschichte eines Schiffbrüchigen, die etwa aus der gleichen Zeit stammt und auf einem Papyrus überliefert wurde, heißt es unter anderem: »... Da aß ich mich satt und ließ liegen, was ich mir zu viel genommen hatte. Dann nahm ich einen Feuerbohrer, zündete Feuer an und machte ein Brandopfer für die Götter.« Daß auch der Verstorbene in der Nacht des Feuers bedurfte, zeigt eine Grabinschrift aus der zum Neuen Reich gehörenden 18. Dynastie (um 1560 bis 1335 v. u. Z.) mit folgendem Inhalt: »Möge dir zur Nacht eine Lampe angezündet werden, bis die Sonne wieder auf dich scheint.«

Aus dieser Zeit sind keine Abbildungen der Feuererzeugung bekannt, überliefert ist aber, daß man in den Häusern vor allem darauf achtete, daß das Feuer nicht ausging. Das Feuerbewahren war wichtig. In einem Märchen von damals wird von einer Frau berichtet, die, als der Hausherr nach Hause kam, kein Licht angezündet hatte.

Ägypter mit Feuerbohrer; nach einem Bild aus der Zeit der 12. Dynastie um 2000 v. u. Z.

Man hat auch Kohlenbecken gefunden, in denen das Feuer aufbewahrt wurde. Damit konnte man dann bei Einbruch der Dunkelheit die Lampen ohne Mühe anzünden. Das Feuer diente aufgrund der klimatischen Verhältnisse in Ägypten nicht so sehr zum Erwärmen, wohl aber zum Lichtanzünden.
Übrigens scheint den Ägyptern auch das Studierzimmer mit Lampe bekannt gewesen zu sein. Auf einem Papyrus wird der lässige Schüler mit folgenden Worten ermahnt: »Lies auch in der Nacht!« Bohrhölzer und Holzstücke mit angekohlten Bohrlöchern, die von der Tätigkeit des Feuerbohrens herrühren, wurden in den Siedlungen von Kahun und Amarna gefunden. Unter den Grabbeigaben des jung verstorbenen Pharaos der 18. Dynastie, *Tutanchamun*, dessen Grab *Howard Carter* 1922 entdeckte, befand sich ein Feuerbohrer.

Aus Schriften der Griechen und Römer

In den Werken, die uns von den alten Griechen erhalten sind, gibt es verhältnismäßig wenig Stellen, in welchen überhaupt vom Feuererzeugen geredet wird. Dagegen gibt es viele Hinweise, daß man, wenn das Feuer auf dem Herd des Hauses erloschen war, dasselbe im Nachbarhaus zu bekommen suchte. Die Erhaltung des Feuers unter der Asche wird als besondere Kunst geschildert. Solche Beschreibungen finden sich bei *Homer* in der Odyssee. Es gab im Altgriechischen für den zum Wiederanzünden aufbewahrten Rest des Feuers ein besonderes Wort, nämlich zopyrhon.
Der Dichter *Kallimachos*, der um 310 v. u. Z. in Kyrene geboren wurde, beschreibt in seinem Apollonhymnus, daß das Feuer vor den Altären der Götter niemals erlöschen darf (»und niemals verzehrt die Asche die gestrige Kohle«). Ausführliche Schilderungen, wie das unter der Asche des Herdes verborgene Feuer wieder angefacht wird, finden sich bei dem römischen Dichter *Ovid*. Auch viele Kunstwerke weisen auf die Sitte hin, das Feuer aus der Asche wieder anzublasen. Der Philosoph *Theophrastos*, ein Schüler des *Aristoteles* und Leiter der berühmten Philosophenschule, gibt sogar eine wissenschaftliche Anleitung zum Anblasen des Feuers.
Es war sicherlich leichter, das Feuer zu bewahren, als es von neuem zu erzeugen. Aus diesem Grunde ergibt sich auch die Heilighaltung des Feuers im Prytaneion, dem öffentlichen Gebäude mit dem Staatsherd. Das war der Versammlungsort der Prytanen (Rechtsausschuß) im alten Griechenland.

Vom Entlehnen des Feuers

Das Entlehnen des Feuers galt als etwas Gewöhnliches und Gebräuchliches. Vielleicht kann man das auch als Beweis ansehen, daß der Gebrauch von Feuerzeugen nicht allgemein üblich war. In einer Fabel nach *Äsop* schreibt *Phädrus* um 40 u. Z., daß man aber nicht immer ohne weiteres Feuer von den Nachbarn erhalten konnte. Das Feuerholen diente oft auch als Vorwand, um in ein Haus einzudringen. In dem Hirtenroman »Daphnis und Cloe« von *Longos* aus dem 3. Jahrhundert möchte Daphnis unter irgendeinem Vorwand in das Haus der Cloe gelangen und überlegt, wie er es anstellen könne. Sein erster Gedanke ist, zu sagen: »Ich wollte hier Feuer holen.« Darauf konnte man ihm aber erwidern: »Gab es denn keinen näheren Nachbarn?« Es war so etwas wie eine höhere sittlich-religiöse Pflicht, dem um Feuer Nachsuchenden zu helfen. Das bezog sich sogar auf Feinde. Die Nichterfüllung dieser Pflicht wurde mit einem Fluch belegt. *Xenophon* läßt *Sokrates* in einem seiner Bücher sagen, daß gute Nachbarschaft deshalb so nützlich sei, weil der Nachbar das Feuer anzündet, wenn man es braucht.

Auf die Frage, warum die Römer nie eine Lampe auslöschten, sondern von selbst erlöschen ließen, gibt der griechische Dichter *Plutarch* die Antwort: »Etwa deshalb, weil sie das Licht als etwas Heiliges ansahen, sofern es mit dem unauslöschlichen und unsterblichen Feuer verwandt und verschwistert sei? Oder liegt auch darin ein Zeichen dafür, daß man nichts Lebendiges, wenn es nicht schädlich ist, verderben oder töten soll, indem das Feuer Ähnlichkeit mit einem lebendigen Wesen hat? Denn es bedarf ja der Nahrung, es kann sich selbst bewegen und gibt beim Auslöschen einen Laut von sich, wie wenn es ermordet würde. Oder endlich, belehrt uns der Brauch, daß man weder Feuer noch Wasser, noch sonst irgend etwas Notwendiges, wenn man es selber zur Genüge besitzt, zu Grunde gehen lassen, sondern denen, die es bedürfen, zum Gebrauch übergeben und es anderen hinterlassen soll, wenn man es nicht mehr selbst braucht?«

Die Gewährung des Feuers rechnet *Cicero* zu jenen allgemeinen Menschenpflichten, die in dem Wesen der menschlichen Gesellschaft begründet sind. Alle diejenigen Dinge, die von der Natur zum allgemeinen Gebrauch der Menschen geschaffen sind, muß man sich gegenseitig mitteilen. Aber nur ehrenvollen Bürgern durfte das Feuer gewährt werden. Wer dagegen unwürdig geworden und damit aus der Lebensgemeinschaft mit allen anderen Staatsbürgern ausgeschlossen war, dem wurde auch das Feuer versagt. *Herodot* berichtet z. B. über den Spartaner *Aristodemus*, der die Schlacht bei den Thermopylen überlebte – also feige war: »Die Flamme seines Herdes erlischt, weil er bei niemandem Feuer anzünden darf.«

In Athen gehörten auch andere Vergehen als feiges Benehmen im Krieg zu denen, die auf solche Weise ihre Strafe fanden. So wurden nach *Plutarch* die Ankläger von *Sokrates* in dieser Weise bestraft. Da in Athen wie in Sparta als Strafe für ehrlose und verächtliche Menschen das Feuer versagt wurde, kann das als Beweis dafür angesehen werden, daß es nicht leicht war, sich ohne fremde Unterstützung Feuer zu verschaffen, wenn das eigene im Haus erlosch.

Feuererzeugung mit Steinen

Nur in wenigen Überlieferungen antiker Schriftsteller gibt es Beschreibungen über den Gebrauch von Steinen zum Erzeugen von Feuer. Im Philoktet des *Sophokles* heißt es: »Stein am Stein abreibend brachte ich mit Mühe den verborgenen Funken an den Tag.«

Von einem anderen griechischen Schriftsteller namens *Nonnos* (5. Jahrhundert v. u. Z.) wird das Feuerschlagen folgendermaßen beschrieben: »Wie der Stein am Steine, das feurige Kind gebärend, das steinerzeugte, vielgequetschte, aus sich selbst geborenen Funken herausschleudert, wenn der feuergebärende weibliche Stein geschlagen wird vom männlichen Steine.« Es finden sich sowohl bei *Nonnos* als auch bei anderen Schriftstellern Hinweise, daß diese Steine mit Schwefel bestrichen waren. Der Schwefel heißt übrigens im Altgriechischen dihobletos, das bedeutet Blitz. Die Ursache dieser Benennung ist der Geruch, den der Blitz verbreiten kann und der dem Schwefel ähnlich ist.

Theophrastos schreibt über die Feuerbereitung durch Steine, daß es sich dabei um eine »ländliche Kunst« handelt. Das bedeutet, diese Art des Feuermachens wurde als etwas Primitives angesehen und war damit zur Zeit des *Theophrastos* schon Geschichte geworden.

Während die Griechen das Reibfeuerzeug bevorzugten, wandten die Römer sowohl das Reiben von Holz als auch das Schlagen mit Steinen zur Feuererzeugung an. *Lukrez* beschreibt das Schlagen von Stahl gegen Stein als Methode des Feuergewinnens. Bei

dem römischen Schriftsteller *Plinius* aus dem 1. Jahrhundert finden wir den Hinweis, daß auch Pyrit zum Erzeugen von Feuer verwendet wurde. Nach *Plinius* wurden als Zundermaterial Schwefel, getrocknete Schwämme und dürre Blätter, ferner, um die Flamme stärker anzufachen, Kienholz und trockene Baumrinde verwendet.
In dieser Form diente das Schlagfeuerzeug bis zum 19. Jahrhundert als wichtigstes Gerät zur Feuergewinnung.

Die Verwendung von Reibhölzern

Von den Griechen wurde zum Erzeugen von Feuer das Reiben von Hölzern bevorzugt. *Homer* berichtet in seinem Hymnus auf Hermes: »Er doch sammelte Holz und sann, wie er Feuer bereite.
Nehmend den stattlichen Ast von dem Lorbeer, rieb er mit Eisen
Ihn mit der Hand recht haltend, und glühender Hauch entdampfte.
Drauf noch nahm er und legte getrockneten Holzes die Fülle
Auf in ein Loch, in den Boden gemachet, und es loderte die Flamme,
Weithin sengend das Blasen des hochaufflammenden Feuers.«
Aus dieser Darstellung läßt sich bei richtiger Deutung schließen, daß zum Bohren oder Reiben Eisen verwendet wurde. Das war aber vom technischen Standpunkt kein Fortschritt, weil Eisen die Wärme besser ableitet als Holz.
Lukian, ein griechischer Schriftsteller, der im 2. Jahrhundert lebte, beschreibt in einem seiner Werke, wie das Feuer zur Bereitung des Mahles erzeugt wurde. Man brauchte dazu zwei Hölzer, wobei das eine flach und das andere die Form und Funktion eines Bohrers hatte. Das wirkende und das leitende Holz durften nicht aus ein und demselben Material sein. Für den Bohrer wurde Lorbeer verwendet; für die Unterlage wurde athragene, eine der wilden Rebe ähnliche Schlingpflanze eingesetzt. Der Sprachwissenschaftler *Adelbert Kuhn* bemerkt zu dem Wort athra, daß es mit den altiranischen Wörtern âtar – das Feuer – und âtarvan – der Feuerpriester – verwandt ist. Manchmal wurde auch Efeu als Unterlage verwendet. Leider finden sich bei den griechischen Schriftstellern keine Hinweise, welche Form die Bohrer hatten und wie sie bewegt wurden. Als Zündmaterial werden Späne, Reisig, kleingespaltene Hölzer, auch Kohle und Schwefel genannt. *Plinius* schreibt, daß diese Reibhölzer vor allem von Kundschaftern im Feld und Hirten auf dem Land verwendet wurden.
Unsere Kenntnisse über die Feuerzeuge der Griechen und Römer stammen zum großen Teil aus einer im Jahre 1884 erschienenen Schrift des Stuttgarter Gymnasialprofessors *Max Planck*, einem Verwandten des bekannten Physikers und Begründers der Quantentheorie *Max Planck*.

Feuerzeuge der Germanen

Aus der Literatur der Griechen und Römer weiß man etwas über die Methoden des Feuererzeugens im antiken Griechenland und im Römischen Reich. Feuerzeuge wurden aber selten gefunden. Bekannt geworden sind verstärkte Schlüssel aus dem Römerkastell Saalburg. Wahrscheinlich haben die Römer, die um die Zeitenwende hier lebten, die Griffe dieser Schlüssel als Feuerstähle benutzt.
Über das Leben der Germanen gibt es einen Bericht des römischen Geschichtsschreibers *Tacitus*, der aber nichts über die Art des Feuermachens der Germanen erzählt. Man hat Feuerstähle als Grabbeilagen gefunden, z. B. in einem Grab bei Nitzahn (Kreis Genthin). Es ist ein 10 cm langer Stahl, der an einem Ende meißelähnlich geformt ist und am anderen Ende eine Öffnung hat, die zur Befestigung am Gürtel diente. Derartige Pinkeisen sind schon aus

dem 2. Jahrhundert, vor allem der zweiten Hälfte bekannt. Im 3. Jahrhundert wurden sie noch häufiger den Gräbern beigegeben. Es gibt 18 Fundstellen von Feuerstählen; zwischen Havel und Oder ist ihre Häufigkeit besonders groß. Die Fundstreuung sagt jedoch nichts über den Gebrauch der Geräte aus. Die Sitten, den Verstorbenen Dinge des täglichen Lebens beizugeben, war bei den Volksstämmen der Germanen unterschiedlich. Oft findet man Feuerstähle mit Waffen gemeinsam. Wo die Waffenbeigabe nicht üblich war, wurden auch keine Feuerstähle gefunden.
Interessant ist ein Fund in einem Grab bei Wilhelmsaue (Kreis Fürstenwalde). Das Fundstück, ein nadelförmiger Anhänger, wurde zum Aufspießen von Zunder verwendet, um ihn damit auf den Feuerstahl zu legen. Der Anhänger wurde in einem Drahtgeflecht am Gürtel befestigt. In der linken Hand ruhten der Feuerstahl und die Anhängerspitze mit dem Zunder, die rechte Hand hielt den Schlagstein.

Feuergewinnung nach Methoden der Steinzeit im 20. Jahrhundert

Unsere Kenntnisse über die Steinzeitmenschen werden zum Teil durch Vergleiche mit Naturvölkern, die auf dem Entwicklungsniveau der Steinzeit stehengeblieben sind, bestimmt. Die von diesen Naturvölkern verwendeten Methoden der Feuererzeugung gab es in ähnlicher Form schon vor Tausenden von Jahren.
Noch 1971 wurde in dem fast undurchdringlichen Regenwald der philippinischen Insel Mindanao der über 20 Menschen zählende Tasaday-Volksstamm entdeckt. Nur 70 km von der Stadt Surballah war ein Jäger bei seinen Streifzügen auf Menschen gestoßen, die mit Stöcken nach Wurzeln suchten, in Höhlen schliefen und sich mit Lendenschurzen aus Orchideenblättern kleideten. Eine Ethnologen-Gruppe stellte dann fest, daß die Tasaday-Menschen noch kein Metall kannten. Die Nahrung bestand vor allem aus gesammelten Bananen, Wurzeln und Palmenmark, aus Fischen und Fröschen. Nur selten benutzten sie Feuer zur Nahrungszubereitung, da das »Anquirlen« der Glut sehr mühsam war. Dieser Bericht zeigt, daß noch heute Menschen leben, die Feuer nach Methoden der Steinzeit herstellen. Die bekanntesten Verfahren sollen kurz erläutert werden.

Feuerschlagen

Schlägt man Steine wie Flint, Quarz, Quarzit, Granit u.a. heftig aneinander, so entstehen häufig Funken. Diese Funken erkalten oft schon während des Fluges, so daß es sehr schwierig ist, mit ihnen leichtbrennbare Substanzen, wie Gras, Moos, getrockneten Schwamm und Daunenfedern, zu entzünden. Es wird berichtet, daß die Eingeborenen Kameruns Anfang dieses Jahrhunderts noch in dieser Form Feuer erzeugt haben. Die Buschmänner Südafrikas verwenden in gleicher Weise zwei »Schaber« aus Quarz. Im vergangenen Jahrhundert soll in den englischen Grafschaften Suffolk und Norfolk diese Methode noch üblich gewesen sein.
Woraus besteht der Feuerstein, der auch Flint oder Silex genannt wird? Er gehört zu den Silicaten und hierbei zur Gruppe der Opale. Die chemische Zusammensetzung ist sehr wechselhaft: Siliciumdioxid (SiO_2) mit einem Wassergehalt von 1 bis 24 %. Die Entstehung des Feuersteines kann man sich so vorstellen, daß beim Zerfall der Kristallgitter von Silicatgesteinen die Kieselsäure in eine kolloide Lösung übergeht, die dann bei der Koagulation (Ausflockung) als Opal mit Verunreinigungen durch Hydroxide des Eisens und Aluminiums ausfällt. Diese Feuersteine haben sich sedimentär als Flöze in den Küstenbecken der Meere, oft unter Mitwirkung SiO_2-haltiger Lebewesen, wie

Diatomeen und Radiolarien, gebildet. Deshalb findet man Feuersteine lagerartig in der Schreibkreide auf Rügen (Feuersteinfeld bei Neu Muran) und in eiszeitlichen Ablagerungen in Nordeuropa.
Schon vor etwa 50000 Jahren wurden in der Acheuléenkultur an der Somme in Frankreich Grabungen nach Feuersteinknollen durch das Deckgebirge vorgenommen. Etwa seit dem 6. Jahrtausend v. u. Z. gab es Feuersteinbergbau in Belgien (Obourg), Südengland (Cissbury) und Dänemark (Jütland). Den Feuerstein baute man vor allem zur Herstellung von Geräten ab.
Es wurde schon erwähnt, daß bei der Verwendung von Pyrit als Schlagstein Partikel entstehen, die längere Zeit glühen als die Funken von Feuerstein. Pyrit ist chemisch ein Eisensulfid der Zusammensetzung FeS_2. Der Name wird vom griechischen pyr – Feuer – abgeleitet, wahrscheinlich, weil er, wie auch andere »Kiese«, beim Anschlagen Funken erzeugt.

Feuerbohren

Ein trockener, einigermaßen glatter und harter, bis etwa 60 cm langer Stab wird senkrecht auf ein am Boden liegendes, ebenfalls trockenes, aber weicheres Holz gesetzt und lediglich mit den Handflächen bzw. mit Hilfe einer um den Stab geschlungenen oder an einem Holzbogen befestigten Schnur in rotierende Bewegung gesetzt. Bei einer weiteren, sehr primitiven Variante des Feuerbohrens wird ein gekrümmter Stab oder roher Ast wie eine Bohrwinde gleichsinnig gedreht.

Feuerbohrer

Das harte Holz reibt Späne vom weichen Holz. Zum ersteren gehören Esche, Platane, Ulme, Robinie, Weißbuche, Eibe, Kornelkirsche und Buchsbaum; Weide, Linde, Tanne, Birke und Kiefer sind dagegen weich. Die abgeriebenen Späne bilden das Zündmaterial, den »Zunder«. Wenn die Reibung zwischen den beiden Hölzern eine bestimmte Wärme erzeugt hat, wird gegen den »Zunder« geblasen, und es kann sich eine Flamme bilden. In der Regel dauert der Vorgang des Feuermachens mehrere Minuten.
In Polynesien, Indien, Australien, Feuerland und Alaska war diese Methode verbreitet. Die Hopi-Indianer, die das Feuer verehren, schreiben den zwei Teilen des Feuerbohrers verschiedene Geschlechter zu: Der Quirl gilt als männlich, die Unterlage, das Herdbett ist weiblich. Ein befruchtender Stoff, Blütenstaub, wird während des Bohrens zugefügt; so werden Feuer- und Lebenserzeugung gleichgesetzt.

Feuerhobeln

Das ist eine sehr einfache Methode. Es sind dazu zwei trockene Hölzer erforderlich, evtl. ein kleiner Baumstamm und ein etwa 1 m langer Ast. Der Ast wird mit beiden Händen gefaßt, quer auf den Baumstamm gelegt und in dessen Längsrichtung unter starkem Druck hin- und hergerieben. Der hobelnde Ast entzündet sich nach genügend langem Reiben. Das Feuerhobeln wurde von den Polynesiern angewendet.

Feuersägen

Ein kantiges hartes Holz wird quer auf einem Stab oder Brett hin- und hergezogen. Durch das Reiben entsteht in der Unterlage

eine Rille. Gleichzeitig bildet sich Holzstaub, der anfängt zu glühen. Das Entzünden des Holzstaubes mißlingt jedoch oft. Deshalb schneidet man in die Unterlage meist einen Längsspalt, den man mit Zunder füllt.
Eine Weiterentwicklung dieses Prinzips ist die Spaltsäge. Ein Rundholz wird zum Teil längs gespalten und ein Keil, oft ein Stein, hineingeklemmt. Den Spalt füllt man mit Zundermaterial, wie Gras, Laub, Holzkohle, Wollhaare u. ä. Durch das Sägen mit einem Holzstab fällt glühendes Holzmehl auf den Zunder. Es beginnt zu rauchen und zu brennen. Diese Feuersägen wurden vor allem in Indonesien benutzt.

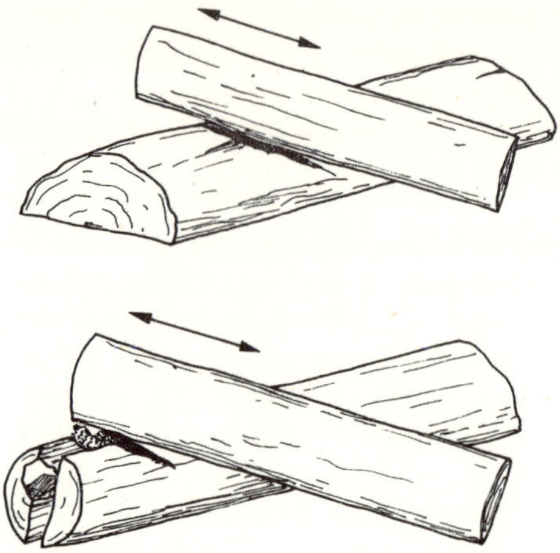

Feuersägen – Brettsäge und Spaltsäge

Feuerpflügen

Der sogenannte Feuerpflug, das Reiben eines längsgerillten Brettes oder Stabes mit einem anderen Stab, ist in Borneo, Polynesien und Mikronesien üblich gewesen und wird bereits in der phönikischen Schöpfungsgeschichte erwähnt.

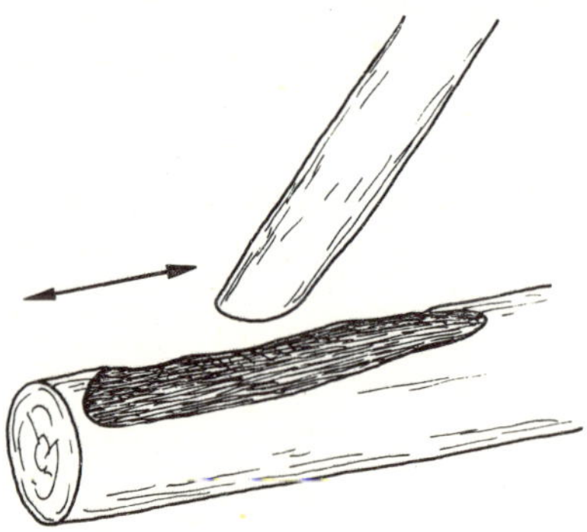

Feuerpflug

Rotangsäge

Beim Erzeugen des Feuers mit der Rotangsäge wird das passive Holz ähnlich wie bei der Spaltsäge hergerichtet, doch sägt man statt mit einem Holz mit einer geschmeidigen Schnur – Rotang oder Bogensehne – über oder unter dem passiven Holz. Die Schnur kann auch in das Holz hineingelegt werden. Der Vorteil der Rotangsäge besteht darin, daß die Schnur viel länger sein kann als das aktive Holz bei der Brett- oder Spaltsäge, was die Entstehung eines Funkens wesentlich beschleunigen muß, da die Umkehrung der Bewegung seltener erfolgt. Die Arbeit wird durch die Tatsache erleichtert, daß zwei Mann die Schnur gleichzeitig bedienen können, was bei anderen Feuersägen weniger leicht möglich ist.

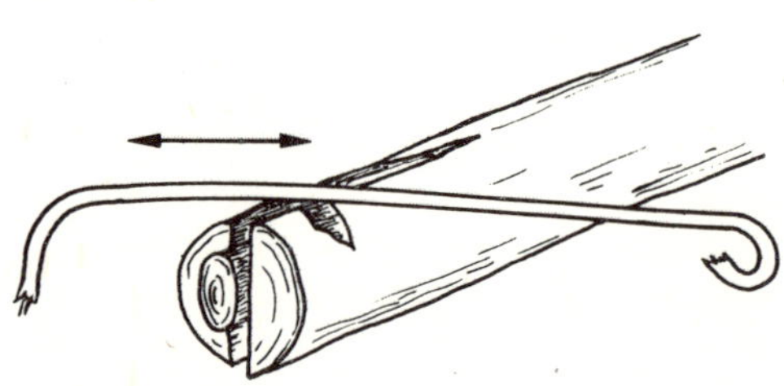

Rotangsäge

Die Rotangsäge ist also die progressivste Feuersägeform. Ein kleiner Nachteil ist, daß die Sägeschnur mitgeführt werden muß: Tatsächlich tragen die Menschen, welche die Rotangsäge benutzen, die Schnur meistens als Armband oder, wie in Neu Guinea, als Lendengurt mit sich herum.

Feuerpumpe

Die Feuerpumpe wurde Ende des 18. Jahrhunderts in Europa als pneumatisches Feuerzeug erfunden. Durch die Portugiesen kamen diese Feuerzeuge nach Hinterindien, wo sie von Eingeborenen auf Nordborneo und den Phillipinen angewendet wurden. Auf das Prinzip dieses Feuerzeugs wird in einem gesonderten Abschnitt eingegangen.

Brennspiegel einst und jetzt

Brennspiegel waren sowohl im alten Griechenland als auch in Rom bekannt. In den Orphischen Liedern, einer Gedichtsammlung, die unter den Namen des mythischen thrakischen Sängers Orpheus gestellt ist, aber wenige Lieder aus dieser vorgeschichtlichen Zeit enthält, steht eine Beschreibung über das Anzünden von Feuer mittels eines konvexen durchsichtigen Körpers. Wörtlich heißt es:

»Nimm den glänzenden durchsichtigen Kristall in deine Hand,
Den Stein, welcher der Widerschein des göttlichen Glanzes ist:
Denn die ewige Seele der Unsterblichen findet Ergötzung am reinen Äther.
Wenn du diesen in der Hand habend zum Tempel gehest,
So wird keiner der Seligen dein Gebet abschlagen.
Höre aber, um die Natur des glänzenden Steins kennen zu lernen:
Wenn du ohne gewaltsames Feuer eine Flamme erwecken willst,
So heiße dich, ihn auf dürre Kerzen legen.
Wenn alsdenn die Sonne dagegen scheint,
So wird er geschwind einen zarten Strahl auf die Kerzen strecken.
Berührt dieser die dürre und fertige Materie,
So wird er, erst einen Rauch, dann ein kleines Flämmlein, nachher aber ein großes Feuer
Zuwege bringen. Man sagt, dies sei das heilige Feuer der alten Mütter.
Bei keiner anderen Flamme würde ich zuversichtlicher hoffen,
Den Unsterblichen eben so angenehme Opfer zu bringen.
Noch ein großes Wunder entdecke ich dir als Freund.
Wenn du ihn, die Ursache des Feuers, geschwind genug
Aus der Flamme reißest, so ist er kalt anzufühlen.«

Der Hymnus weist darauf hin, daß diese Art des Feueranzündens nur für besondere Zwecke, nämlich zur Verehrung der Götter, angewendet wurde. Es ist dies ein besonderes Feuer, im Unterschied zu dem »gewaltsamen« Feuer.

Brennspiegel werden außerdem im Gespräch zwischen *Sokrates* und *Strepsiades* in dem Stück »Die Wolken« von *Aristophanes* erwähnt. Dieser alte Spötter läßt in dem Stück *Strepsiades* ein Mittel vorschlagen, wie er sich von seinen Schulden befreien kann. Danach sollte mit einem durchsichtigen Stein, mit dem an der Sonne Feuer entzündet wird, die auf eine Wachstafel geschriebene Rechnung über fünf Talente geschmolzen und also vernichtet werden. *Theophrastos* beschreibt die Materialien, aus denen die Brennspiegel bestanden. Es waren Glas, Erz und Silber.

Den wichtigsten Hinweis über die Verwendung von Brennspiegeln finden wir jedoch in den Werken von *Plutarch.* Er schreibt, daß die Brennspiegel in Griechenland wie auch in Rom zum Entzünden des ewigen Feuers eingesetzt wurden. Das ewige Feuer

durfte – wenn es erloschen war – nur am reinen Sonnenfeuer entzündet werden.
Vergleicht man diese Darstellung mit dem Hymnus aus den Orphischen Liedern, so ist doch eine Ähnlichkeit der Verwendung des »nicht gewaltsamen« Feuers festzustellen. *Plutarch* führt folgende Beispiele an: Das heilige Feuer im Prytaneium in Athen, das unter der Tyrannis *Aristions* im 1. Jahrhundert v. u. Z. erlosch, das Feuer im Apollotempel in Delphi, der von den Persern vernichtet und im Vestatempel in Rom, der zur Zeit des Mithridatischen Krieges zerstört wurde.
Auch heute noch wird das olympische Feuer mit Brennspiegeln entzündet. Die von *Galenos* aus Pergamon im 2. Jahrhundert und von den Schriftstellern *Zonaros* und *Tzetzes* im 12. Jahrhundert aufgestellten Behauptungen, *Archimedes* habe mit Hilfe von Brennspiegeln römische Schiffe bei der Belagerung von Syrakus im Jahre 212 v. u. Z. in Brand gesetzt, gehören vielleicht in das Reich der Phantasie. Da *Archimedes* auch gewaltige Wurfmaschinen konstruierte, sind damit sicherlich Brandfakkeln geworfen worden.
Neben Brennspiegeln nennt *Plinius* als demselben Zweck dienend auch gläserne und kristallene Kugeln. Diese wirkten wie Brenngläser, wenn man sie mit Wasser füllte. Interessant ist, daß diese Kugeln im Mittelalter als sogenannte Schusterkugeln in Verbindung mit Öllampen zum Fokussieren des Lichtes verwendet wurden. In London brachte der französische Emigrant *E. Thiville* im Jahre 1800 anstelle solcher Kugeln mit Wasser gefüllte Segmente an Straßenlaternen an.
Im 15. Jahrhundert beschäftigen sich unter anderen *Paracelsus* und *Leonardo da Vinci* mit der Herstellung und Anwendung von Brennspiegeln. Der sächsische Gelehrte und Vertreter der Aufklärung *Ehrenfried Walter von Tschirnhaus* verbesserte die Herstellung großer sphärischer Spiegel zur Erzeugung von hohen Temperaturen.
Der Staatliche Mathematisch-Physikalische Salon im Dresdener Zwinger zeigt viele solcher großen sphärischen Spiegel. Eine interessante Schrift ist dazu von *Klaus Schillinger* unter dem Titel »Brennspiegel und Brenngläser von Ehrenfried Walter von Tschirnhaus« erschienen.
Der französische Naturforscher *Georges-Louis Leclerc, Comte de Buffon* entzündete bei Versuchen mit Brennspiegeln ein 47 m entferntes geteertes Brett. *Buffon* soll es auch gewesen sein, der als Intendant des Jardin Royal des Plantes in Paris eine kleine, eigens dafür gefertigte Kanone aufstellen ließ, über welcher ein Brennglas so angebracht war, daß die Sonnenstrahlen um 12 Uhr durch das Zündloch auf das eingegebene Pulver trafen und es entzündeten. Jeden Mittag, bei Sonnenschein, konnten die Pariser ihre Uhren nach diesem »Sonnenweiser« stellen.
Übrigens wurde die »Mittagskanone« in Paris nach umfangreichen Restaurierungsarbeiten im Jahre 1979 wieder in Betrieb genommen. Weitere »Zeitmesser« dieser Art sind im Schloß Ludwigsburg in der Bundesrepublik Deutschland und im Staatlichen Mathematisch-Physikalischen Salon im Dresdener Zwinger zu sehen. Eine Nachbildung befindet sich in der Feuerzeug-Sammlung *Jarschel*.
Ein zusammenklappbares Taschenfeuerzeug mit Parabolspiegel wurde vor einigen Jahren in Spanien auf den Markt gebracht. Der Sonnenreichtum der Pyrenäen-Halbinsel mag wohl die Hersteller zu dieser Erfindung inspiriert haben.

Pinkfeuerzeuge

Diese Feuerzeuge waren seit mehr als 3000 Jahren im Gebrauch. So wie die alten Römer und Germanen Feuer erzeugten, wurde selbst zur Zeit *Goethes* noch Feuer gemacht. Man brauchte dazu Feuerstahl, Stein und Zunder oder Lunte.

Peter Rosegger, ein österreichischer Schriftsteller, erzählt dazu aus seiner Jugend in der Mitte des vorigen Jahrhundert: »Es war ein mühsam und heikles Stück Arbeit; beim Feuermachen konnte meine sonst milde Mutter unwirsch werden. Die Glut, des Abends noch so sorgsam in der Herdgrube verwahrt, war des Morgens meist erloschen. Was sich die Mutter auch mühte, den Funken in der Asche wieder anzublasen – alles vergebens, das Feuer war gestorben über Nacht. Nun ging die Schlägerei mit Stein und Stahl an; und wir Kinder waren oft schon recht hungrig, bevor die Mutter das Feuer zuweg brachte, welches uns die Morgensuppe kochen sollte.

So auch am Morgen von des Vetters Namenstag. Wir hatten draußen in der Küche wohl eine Weile das Fauchen und Feuerschlagen gehört, dann aber rief die Mutter plötzlich aus: »'s ist gar umsonst. 's ist, wie wenn der bös' Feind in die Herdgruben hätt' gespuckt. Und der Stein hat keinen Funken mehr in sich und der Schwamm ist feucht, und die Leute warten auf die Suppen!« Dann kam sie in die Stube und sagte: »Geh, Peterle, ruck und lauf geschwind zu der Knierutscherin hinüber. Ich tät sie gar schön von Herzen bitten, sie wollt mir ein Haferl Glut schicken von ihrem Herde. Geh, Peterle, ruck, daß wir nachher eine Suppe kriegen! ... Als ich endlich mit dem Feuertopf zurück gegen unser Haus kam, war ich höchlichst überrascht, denn da sah ich aus dem Rauchfang bereits einen blauen Dunst hervorsteigen. Es war zum Glück der Vetter Jack von der Talweide heimgekommen, und der hatte ein Brennglas, das er in der Sonne über einen Zunder hielt, bis derselbe glimmte.«

Mit den mechanischen Methoden, insbesondere dem Pinken, d. h. Funkenschlagen, war das Feueranzünden so umständlich, daß es einfacher war, beim Nachbarn Feuer zu leihen.

Was benötigte man zum Pinken, und wie wurde es gemacht? Der Feuerstahl, das Pinkeisen, wird in dem »Großen Universallexikon aller Wissenschaften und Künste« von *Johann Heinrich Zedler*, Halle 1735, wie folgt beschrieben: »Feuerstahl, ist ein wohlgestalltes Eisen, so ein nöthiges Hauptstück eines wohlbestallten Feuerzeugs, und wird nach unterschiedener Forme angetroffen; bald bestehet dieser Stahl aus einem viereckigen geraden Stücke, bald aus einer flachen und mit einem Griffe versehenen, bald aus einem oval und dergleichen mehr. Seine Güte bestehet darinnen, daß er durchaus die rechte Härte habe, und weder zu weich noch zu spröde sey, damit er lange aushalte und gut Feuer gebe.«

Der Feuerstahl besaß in der Regel einen Kohlenstoffgehalt von 1 bis 1,5 %. Bei diesem Kohlenstoffanteil eignet sich der Stahl besonders gut als Schlagfeuerzeug zum Erzeugen von Funken. Die Form des Stahls war unterschiedlich. Besonders häufig kam eine P-Form vor. Es wurden aber auch schneckenartige Ornamente angebracht, oder aber der Stahl hatte die Form des Stirnknochens eines Schafsbockes.

Der Ausdruck pinken für das Feuerschlagen leitet sich von dem niederdeutschen Wort für schlagen ab. Zum Pinken benötigte man neben dem Pinkeisen auch den Feuerstein, der entweder aus Silexgestein oder aus Pyrit bestand, sowie den Zunder.

Was aber ist Zunder?

Bei *Schiller* heißt es:

»Weh wenn sich in dem Schoß der Städte
der Feuerzunder still gehäuft,
das Volk zerreißend seine Kette
zur Eigenhilfe schrecklich greift.«

Im Sprachgebrauch versteht man unter Zunder eine leicht brennbare Substanz. Zum Feuererzeugen wurde sie aus einem Pilz gewonnen. Dieser Pilz ist braungrau, sein Inneres ist wergartig. Echten Zunderschwamm, Fomes fomentarius, wird man heute kaum noch im Wald finden. Mit dem Rückgang alter Buchenbestände und dem Verschwinden überalterter Laubgehölze wurden dem Zunderschwamm, einem Porling, die günstigsten Wuchsbedingungen genommen. Er wuchs an älteren geschädigten Laubholzstämmen, bei uns vorzugsweise an der Buche. Aus diesem Pilz, dem Echten Zunderschwamm, stellte man den Zunder in einem umständlichen Verfahren her. Zunächst befreite man die Pilze von allen holzigen Teilen, also Rinde und Porenschicht, dann wurde die weiche Schicht 8 bis 14 Tage lang in Pottasche (Kaliumcarbonat, K_2CO_3) oder in eine Lauge aus Urin und Asche gelegt, anschließend ausgewaschen, langsam getrocknet, mit einem Holzhammer auf einem Holzamboß dünn ausgeklopft und mit den Händen weichgerieben. Um den Zunder noch leichter brennbar zu machen, wurde er mit Salpeterlösung getränkt oder gar mit Schießpulver eingerieben. Es gab je nach Art der Zubereitung mehrere Sorten von Zunder: gelben, braunen, schwarzen oder weißen. Wohlriechend wurde der Zunder durch Zugabe von Cascarillenrinde (sie enthält ein ätherisches Öl, das auch in der Parfümerie verwendet wird) zum Einweichwasser.

In Deutschland wurde früher ein Großteil des Zunders in Neustadt am Rennsteig gewonnen. In den Jahren 1770 bis 1780 sollen täglich bis zu 20 Pfund Echten Zunderschwammes geerntet worden sein. Aber auch aus Böhmen, Ungarn, Süddeutschland und der Schweiz kamen geerntete Schwämme nach Neustadt und wurden dort verarbeitet. Im Jahre 1821 kostete hier 1 Zentner (50 kg) schwedischer Zunder 20 bis 22 Taler, zubereitet 34 bis 36 Taler. Für den Hausgebrauch wurden auch andere Porlingsarten zur Zundergewinnung verwendet, z.B. Feuerschwamm (Phellinius ignarius), Eichenwirrling (Trametes querzina), Abgeflachter Porling (Ganoderma applanatum).

Um 1880 sollen in Deutschland 1000 Zentner (50000 kg) Zunder aus der Gegend von Neustadt vertrieben worden sein. Neustadt wurde deshalb auch im Volksmund als »Schwamm-Neustadt« bezeichnet. 1905 waren noch 15 Menschen und 1914 etwa 10 in Neustadt mit der Herstellung von Feuerschwamm beschäftigt. Um 1925 soll dieses Gewerbe dort endgültig erloschen sein.

In dem Buch von *Paul Motz* »Gedichte in Henneberger Mundart« ist das Schwammlied wiedergegeben:

Käft Schwamm! Käft Schwamm,
vom Thüringer Wold-Kamm,
aus Naüstadt am Rennsteig!
Wos nis dahcht, schmeiß wag gleich!
Streichhölzle un Schwamm!
Zwä Batzen kost's z'samm.

Übrigens brachte ein Neustädter Schwammklopfer 1841 die Rezepturen für die Streichholzherstellung aus Berlin mit. Seitdem begannen zunehmend ganze Familien mit der Zündholzproduktion in Heimarbeit. Jahrzehntelang wurden in Neustadt sowohl Zündhölzer als auch Zunderschwamm hergestellt.

Wie wurde der Zunder mit dem Pinkfeuerzeug in Brand gesetzt? *Heinrich Dräger*, der Begründer eines Werkes für Gruben-Rettungsgeräte, Sauerstoff-Apparate und Taucherausrüstungen in Lübeck, erzählt in seinen »Lebenserinnerungen« über das Feuermachen in seiner Jugend, Mitte des 19. Jahrhunderts: »Das Feueranmachen geschah in der denkbar einfachsten Weise. Meine Mutter besaß eine sogenannte Feuerlade. Ein offener langer Holzkasten war durch eine Querwand in zwei ungleiche Teile gegliedert. In dem kleinen Abteil lag verkohltes Leinen (Zunder). Ein Deckel, der sich fest auf den Zunder legte, verschloß diesen Teil der Feuerlade. In dem größeren Abteil lagen eine alte Feile, einige Feuersteine und eine Anzahl Schwefelhölzer. Die Schwefelhölzer wurden damals von armen Leuten hergestellt und im Hausierhandel ins Land gebracht. Man spaltete trockenes Föhrenholz von bestimmter Länge in möglichst dünne und gleichmäßige Stäbe. Dreißig bis vierzig Stäbe wurden dann zu einem Bündel vereinigt und die Enden in geschmolzenen Schwefel getunkt. Das Feueranmachen ging nun wie folgt vor sich: Man griff zur Feuerlade, entfernte den Deckel zum Zunder; nahm die Feile in die linke und einen Feuerstein in die rechte Hand. Schlug man nun mit dem Feuerstein an der Feile entlang, so sprühten die Funken lustig nach allen Seiten, hauptsächlich aber in Richtung der Steinbewegung. Man suchte nun den Hauptfunkenstrom auf den Zunder zu lenken, und es dauerte, wenn alles in Ordnung war, nicht lange, bis der Zunder an einer Stelle glühte. An dem glühenden Zunder wurde dann ein Schwefelholz entzündet. Flammte das Stäbchen auf, dann mußte möglichst schnell das Zunderabteil mit dem Deckel geschlossen werden, um das weitere Glühen und das Unbrauchbarwerden des Zunders zu verhüten. – Die Zündhölzer waren freilich schon erfunden, aber jeder scheute sich, und zwar mit Recht, vor den Teufelsdingern. Ganz besonders fiel bei unseren Strohdächern die Feuergefährlichkeit ins Gewicht. Erst nach meiner Konfirmation wurde die alte, ehrwürdige Zunderlade auf's Altenteil gesetzt.«

Dieser Bericht zeigt eindrucksvoll, wie umständlich doch in Wirklichkeit das Feueranmachen in der damaligen Zeit war.

Bereits im Mittelalter hatte man versucht, den Vorgang des Schlagens zu mechanisieren. Steinschloßgewehre und -pistolen bildeten dabei die Vorlage, Flint wurde der dafür verwendete Stein genannt. Daraus leitete sich das Wort Flinte für Gewehr ab. Zunächst arbeitete man solche Steinschloßpistolen als Feuerzeuge um. Später entstanden Geräte, die nicht mehr an die alte Pistolenform erinnerten. Das Kunsthandwerk bemächtigte sich dieser Erzeugnisse; es wurden Feuerzeuge mit Kerzenhalter, Weckuhr und Tintenfaß konstruiert. Solche Geräte waren besonders an Fürstenhöfen im 18. Jahrhundert gebräuchlich.

Die Beschreibung des Pinkfeuerzeuges wäre unvollständig, wenn nicht etwas zu den Feuersteinen, die man auch Kippsteine nannte, gesagt würde. Noch zu Beginn des 20. Jahrhunderts gab es in England und Frankreich Handwerksbetriebe, in denen die Kippsteine zugeschlagen wurden. *L. Pfeiffer* schreibt in dem Buch »Die Werkzeuge der Steinzeitmenschen«, daß er noch den Steinschläger *Snare* in Suffolk bei der Arbeit beobachten konnte.

Die Firma Snare hatte eine Musterkarte, nach der man 22 verschiedene Kippsteine bestellen konnte. Die Abmessungen betrugen (3 × 3 × 6) cm bis (3 × 3,5 × 0,5) cm. Ein Muster hatte einen besonders starken geraden Rücken, ein zweites eine halbkreisförmige Rundung des Rückens, immer war jedoch eine relativ dünne Schlagkante vorhanden, die sich selbst schnell abnutzte. Nach *Pfeiffer* erinnerten einige der von *Snare* angebotenen Kippsteine an Formen paläolithischer Schaber und Kratzer aus Feuerstein.

Es ist interessant, wie die Engländer den Handel mit Kippsteinen bei ihrer Kolonialpolitik gegenüber Indien ausnutzten. Es war den Indern erlaubt, Gewehre zu besitzen. Die Engländer behielten aber das Monopol für den Handel mit den Feuersteinen. Dadurch konnten sie bei dem raschen Verbrauch der Kippsteine die Verwendung der Gewehre kontrollieren.

Zum Abschluß dieses Abschnitts sei darauf hingewiesen, daß noch in der zweiten Hälfte des 20. Jahrhunderts Pinkfeuerzeuge verwendet wurden. Allerdings ist diese Verwendung mit einem der dunkelsten Zeitabschnitte der jüngsten Geschichte verbunden. *Borra Tauch*, ein ehemaliger Student aus Kampuchea, brachte ein Pinkfeuerzeug aus seiner Heimat mit, das in der Zeit unter dem Schreckensregime von *Pol Pot* verwendet wurde.

»Die das Feuer anmachen, wärmen sich oft am wenigsten dabei.«

Chemische Methoden der Feuerbereitung

Die Erfahrung, daß man durch Reiben Wärme erzeugen kann, hatte zur Entwicklung der mechanischen Methoden des Feueranzündens geführt. Obwohl das Feuer allen Menschen bekannt war, beschäftigten sich doch nur wenige mit den Ursachen für sein Entstehen. Von der Vorstellung, das Feuer sei ein Element wie Luft und Wasser, bis zur Erklärung des Verbrennungsvorganges als Oxydation vergingen Jahrhunderte. Die Alchimisten hatten zwar eine Vielzahl chemischer Reaktionen entdeckt, sie wußten auch, daß bei einigen dieser Reaktionen Wärme frei wird, trotzdem gelang ihnen die chemische Feuerbereitung lange Zeit nicht. Das war erst durch die Entdeckung der reaktionsfähigen Stoffe Phosphor und Kaliumchlorat im 17. bzw. 18. Jahrhundert möglich.

Die Entdeckung des Phosphors

Es war die Entdeckung des ersten Nichtmetall-Elementes, des Phosphors, durch *Hennig Brand* im Jahre 1669, die es erstmals ermöglichte, anders als durch mechanische Methoden Feuer zu erzeugen. *Brand* war ein ehemaliger Offizier, der sich mit dem Verkauf von Arzneimitteln und anderen nützlichen Dingen beschäftigte. Er kurierte nach den Anschauungen des *Paracelsus* selbst Patienten und ließ sich gern Doktor nennen. In der Freizeit war er ein geduldiger und beharrlicher Alchimist, der nach dem »Stein der Weisen« suchte, um damit Metalle, insbesondere Silber, in Gold umzuwandeln. Vielleicht ist er durch die Schriften von *Paracelsus* auf den Gedanken gekommen, Urin zu destillieren. Jedenfalls heißt es in einer Vorschrift von *Paracelsus,* den einige Forscher als den Entdecker des Phosphors ansehen: »Rec. (Rektifiziere) den Urinam, distillir jhn gar uber / so gehen die Elementen / Aer, Aqua et Terra (Luft, Wasser und Erde) hinüber / und bleibet Ignis (Feuer) am boden. Dann so nimb und schütt die all wieder zusammen / und destillir auff vier mahl in solcher gestalt / so gehet in der vierdten distillatz (Destillation) herüber am ersten Aqua, danach Aer und Ignis, und bleibet Terra am boden: So nimb Aerem und Ignem in ein sonder Gefäß / laß kalt stehen / so schießt es Eyßzapfen / diselben seind das Element Fewer: Wiewohl Sie etwann schießen in der Distillatz / doch auch etwann in der Kälty.«

Eines Tages kam *Brand* auf den Gedanken, Urin zur Trockene einzudampfen und den Rückstand in einer Retorte zu destillieren. Als er das Destillat und einen Teil der in der Retorte zurückgebliebenen verkohlten Masse ein zweites Mal destillierte, bemerkte er in der Vorlage eine gelblichweiße Substanz, die im Dunkeln geheimnisvoll leuchtete und sich an der Luft selbst entzündete.

Heute ist bekannt, daß bei der Destillation des Urins aus dem Phosphorsalz des Harns – Ammoniumnatriumhydrogenphosphat, $NH_4NaHPO_4 \cdot 4H_2O$ – zunächst das Natriummetaphosphat, $NaPO_3$, gebildet wird. Dieses reduzieren dann die verkohlten organischen Stoffe zum Phosphor.

Brand, ständig in Geldschwierigkeiten, sah

in dem »kalten Feuer« oder dem »Wunderstoff«, wie der Phosphor von ihm bezeichnet wurde, ein Mittel, Geld für seine ziemlich aufwendige Haushaltung zu beschaffen. Er erzählte anderen »Kollegen« von »seinem Feuer« und erbot sich, ihnen das Herstellungsverfahren gegen ein entsprechendes Entgelt mitzuteilen. Solche leuchtenden Stoffe waren als Kuriositäten beliebtes Demonstrationsobjekt in gelehrten Gesellschaften und an fürstlichen Höfen. *Brand* schloß mit dem Dresdener Handelsrat, Arzt und Alchimisten *Adam Krafft* einen Kaufvertrag ab. *Krafft* hatte von der Entdeckung durch den sächsischen Hofalchimisten *Johann Kunckel* gehört und kaufte das Herstellungsverfahren für 200 englische Pfund *Brand* ab. Dieser mußte sich verpflichten, das Geheimnis nicht weiterzuerzählen. Der »Wunderstoff« wurde am 24.4.1676 am Hofe des Kurfürsten *Friedrich Wilhelm* von Brandenburg vorgeführt.

Krafft zog selbst *Kunckel* nicht mit in das Vertrauen. Trotzdem löste *Kunckel* später das Geheimnis, so daß er sich als der eigentliche Entdecker des Phosphors betrachtete.

Übrigens stammt der Name für dieses Element von dem Leibarzt des Kurfürsten, *Johannes Sigismund Elsholz*. Zunächst hieß das Element »Phosphorus mirabilis«, das bedeutet »wunderbarer Lichtträger«. *Kunckel* war ein ernsthafter Chemiker, obwohl er – Sohn seiner Zeit – an die Umwandlung der Metalle in Gold glaubte. Er entdeckte viele chemische Stoffe, u. a. Zinksulfid, Knallgold, Knallsilber. 1677 hatte er in Wittenberg Vorlesungen über Chemie gehalten und zugleich eine Glashütte betrieben. Von seiner »Vollkommenen Glasmacherkunst« schrieb *Goethe* noch 1823 eine längere Inhaltsangabe in seinen »Naturwissenschaftlichen Einzelschriften«. 1679 trat *Kunckel* in den Dienst des »Großen Kurfürsten« von Brandenburg und laborierte auf dem damals noch völlig öden Kaninchenwerder bei Potsdam, der späteren Pfaueninsel, wo er zwar kein Gold machte, aber das Rubinglas erfand. Nach dem Tode des Kurfürsten folgte er einem Ruf *Karls XI.* von Schweden nach Stockholm, wo er zum Bergrat ernannt und als *Kunckel von Löwenstern* in den Adelsstand erhoben wurde. Nach einigen Jahren kehrte er nach Berlin zurück und lernte als Hausfreund des Apothekers *Zorn* dessen goldmachenden Gehilfen *Johann Friedrich Böttger* kennen. Seitdem pries *Kunckel* überall die Talente *Böttgers* und laborierte mit ihm zusammen. Dabei verbrauchte er allerdings sein Vermögen; er starb 1702 in ärmlichsten Verhältnissen.

Zum Phosphor bemerkt *Kunckel* in einer seiner Schriften: »Da ich denn Anfangs, dessen Invention (Erfindung) betreffend, zwar nicht in Abrede syen kann, daß ich einigen Anlaß hiebevor dazu bekommen, im übrigen aber wird niemand mit Bestand der Wahrheit darthun können, daß ers mich gelehrt, weswegen ich es billig vor meine eigene Invention ausgeben kann ... da ... ichs nicht allein aus einer besonderen materia, sondern aus allem was Gott erschaffen hat, als Thieren, Fischen, Vögeln, Kräutern, Bäumen ... machen kann.«

Tatsächlich wurde der Phosphor u. a. 1688 von *P. Albinus* und 1743 von dem Entdekker des Rübenzuckers *Andreas Sigismund Marggraf* in Pflanzen und Tieren nachgewiesen.

Die exakte Natur des Elementes wurde jedoch noch nicht verstanden. Die Tatsache, daß es sich leicht entzündete, wenn man eine geringe Portion zwischen zwei Blättern Papier rieb, war so wunderbar, daß Phosphor für einige Jahre überall auf den Jahrmärkten in Europa die Leute erregte. Sein geheimnisvolles Leuchten, seine wunderbaren und gefährlichen Eigenschaften führten zu einer ganzen Reihe von Schauversuchen. So konnte man z. B. dem Publikum düstere Wahrsagungen vorgaukeln, indem man mit Phosphor auf dunkles Papier

schrieb und dieses dann an einen dunklen Ort trug.
Die Herstellung des Phosphors war aufwendig, der Preis deshalb anfangs auch sehr hoch. Die schwedischen Chemiker *Scheele* und *Johann Gottlieb Grahm* entdeckten 1674 das Element in Tierknochen, und sie entwickelten ein Verfahren, das die Herstellung größerer Mengen von Phosphor ermöglichte.
Im Jahre 1680 begann *Godfrey Hankwitz* in London mit der Herstellung von Phosphor. Er reiste durch England und verkaufte die Unze Phosphor, das waren 1/12 eines englischen Pfundes, also 31,1 g, für 50 Guineas. *Hankwitz* hatte die Rezeptur für die Herstellung des Phosphors durch seinen Vater erhalten, der Assistent bei dem englischen Naturwissenschaftler *Robert Boyle*, einem anderen »Kunden« *Brands*, war. *Boyle* untersuchte die Verbrennung des Phosphors, die nach folgender Gleichung verläuft:

$$P_4 + 5\,O_2 \rightarrow P_4O_{10}.$$

Diese Reaktion läßt sich leicht quantitativ untersuchen, da Phosphor und das entstehende Oxid fest sind. Sie waren damit für die damalige Zeit gut wägbar.
Der französische Chemiker *Lavoisier* untersuchte diese Reaktion später sehr genau. Sie trug mit zur Widerlegung der Phlogistontheorie und zur Formulierung des Elementbegriffes bei.
Wegen der Schwierigkeiten, die die Herstellung und gefahrlose Aufbewahrung begleiteten, verringerte sich nach seiner spektakulären Einführung das Interesse am Phosphor, bis die Einführung der Reibhölzer eine industrielle Produktion erforderte. Es ist wert zu erwähnen, daß 50 Jahre vor der Verwendung des Phosphors in Reibhölzern viele chemische Mittel erfunden wurden, um Feuer leichter als bis zu dieser Zeit üblich zu entfachen. Eine der einfachsten Methoden der Erzeugung von Feuer, nämlich das Reiben von Phosphor, hatte man praktisch während dieser Zeit vergessen.

Turiner Kerzchen

Zwischen den Jahren 1780 und 1830 wurde eine Vielzahl von sogenannten chemischen Feuerzeugen entwickelt. Viele dieser Feuerzeuge blieben erhalten und werden heute z. T. in Museen gezeigt. Die beachtenswerteste Sammlung ist die von *Bryant* und *May* in London.
Diese ersten chemischen Feuerzeuge waren die Vermittler zwischen den mechanischen Vorrichtungen und den Reibhölzern. Die Weiterentwicklung führte zur Erfindung der Zündhölzer.
Das erste Phosphorfeuerzeug stammt aus Italien. Es wurde von *Louis Peyla*, »einem Liebhaber der Experimentalphysik«, wie er sich nannte, entwickelt. *Peyla* berichtete über seine Erfindung in Turiner und ausländischen Zeitungen. Man weiß aus den Veröffentlichungen, daß diese Art der Feuererzeugung bereits 1779 bekannt war.
Georg Christoph Lichtenberg, ein großer Spötter und Physiker, der seine Leser im Göttinger Taschenkalender über alles Neue und Absonderliche zu unterrichten pflegte, schrieb im Jahre 1784 über die Peylaischen Lichtchen, die auch Turiner Kerzchen oder Phosphor-Taper genannt wurden: »Herr Peyla zu Turin, ein Liebhaber der Physik, ist der Erfinder der Lichtchen, die man jetzt in ganz Europa, eben nicht zu sonderlichen Vortheil desselben, zum Kauf herum trägt. Es sind in etwa 4 Zoll lange gläserne Röhrchen eingeschlossene Dochte aus baumwollenem Garn, die an einem Ende mit einer Mischung aus Phosphorus, feinem Schwefel und einem wesentlichen Oel, getränkt sind. Die Röhrchen sind an beyden Enden zugeschmolzen. Reibt man diese etwas in der Hand, um sie zu erwärmen, und zerbricht sie alsdann etwas gegen das ungetränkte Ende des Dochts, faßt den nunmehr freygewordenen Docht an, und zieht ihn, nachdem man ihn etwas schnell in dem noch übrigen Ende des Röhrchens auf und abgezogen und gedreht hat, heraus, so geräth er

sogleich in Flammen. Sie können also statt eines Feuerzeuges dienen ... Daß dieses ein sehr gefährlicher Hausrath sey, bedarf nach dieser Beschreibung keines Beweises. Hier in Göttingen zerbrach ein solches Lichtchen jemandem in der Tasche, und das eine Ende fiel ab; zum Glück war es das, worin die brennbare Mischung nicht befindlich war, wäre es das andere gewesen, so wäre vermuthlich das Kleid aufgeflogen, und vielleicht ein Theil des Besitzers mit.«

Die Mängel dieses Feuerzeuges regten zu Abänderungen an. So gab der holländische Arzt *Jan Ingenhousz*, der am Hof der österreichischen Kaiserin Maria Theresia tätig war, in seinen vermischten Schriften physisch-medizinischen Inhalts eine ausführliche Beschreibung solcher verbesserter »Phosphorlichtchen«. Die entscheidende Änderung war aber jene, die *Lichtenberg* empfahl. Danach erhitzte man ein erbsengroßes Stück Phosphor mit der gleichen Menge von feinem Schwefel in einer Glasflasche mit eingeschliffenem Stöpsel auf dem Wasserbad. Ein Tropfen Nelken- oder Terpentinöl wurde nach dem Erkalten zugegeben, um die Masse flüssig zu halten. »Das Fläschchen selbst wird in ein blechernes, mit Tuch ausgefüttertes Etui eingeschlossen, und trägt man die Masse so ganz ohne Gefahr bey sich. Beym Gebrauch steckt man bloß ein zusammengefaltetes Stückchen Papier, das unten etwas rauh abgerissen ist, in die Masse, so entzündet sich das Papier, statt dessen man auch ein zartes, tannenes Spänchen nehmen kann, augenblicklich.«

Phosphorbüchsen

Dieses Feuerzeug war eigentlich die von *Lichtenberg* empfohlene Verbesserung der Turiner Lichtchen. Es wurde auch als tragbare Phosphorbüchse (phosphorus box), Phosphorflasche (briquet phosphorique) oder Taschenleuchter (pocket luminary) bezeichnet. Zum ersten Mal 1786 in Italien erwähnt, verbreitete es sich schnell in Paris und London.

Das Feuerzeug war auch in Deutschland und Österreich bekannt. Es bestand aus einer Blechschachtel, die eine kleine Flasche mit Phosphor und daneben eine Anzahl mit Schwefel getränkter Holzstäbchen enthielt. Zum Entzünden wurde das Holzstäbchen in den Phosphor getaucht und ein kleines Stück davon herausgezogen. Beim Herausziehen brannte der Phosphor und entzündete das Holz.

Man bemühte sich, den Phosphor handhabungssicherer zu machen. Diese Versuche führten zu dem wahrscheinlich ersten Reibzündholz, das 1805 von dem Franzosen *de là Tour* erfunden wurde. Die Zündmischung enthielt Phosphor, Wachs sowie Öl und wurde in einer Flasche aufbewahrt. Ein Schwefelholz konnte nach dem Eintauchen in diese Masse durch Reiben am Verschlußkorken angezündet werden.

Andere Versuche dienten dazu, die leichte Entzündbarkeit des Phosphors zu reduzieren. Im Jahre 1809 ließ sich der Franzose *Derepas* »eine besondere Zusammensetzung der Phosphorzündhölzer« patentieren. Danach bestand die Zündmischung aus 8 Teilen Phosphor und 4 Teilen Magnesia (MgO). Mit diesem Gemisch und Schwefel wurden Röhrchen gefüllt, in die man ein Holzstäbchen eintauchte und das Stäbchen durch Reibung entzündete.

Tunkhölzer

Eine der Grundlagen der modernen Zündholzindustrie und der Pyrotechnik besteht in der Verwendung von Kaliumchlorat ($KClO_3$). Diese Verbindung wurde 1788 von dem französischen Chemiker *Claude Louis Berthollet* entdeckt. Man erkannte sehr bald, daß Kaliumchlorat eine stark oxydierende Substanz ist.

Im »Journal de l'Empire« vom 12. Oktober

1805 findet man eine Notiz über ein Feuerzeug, das als briquet oxygéné (Sauerstoff-Feuerzeug) bezeichnet wird. Der Erfinder war *Jean Louis Chancel*. Er war damals als Assistent bei dem Professor der Chemie *Louis Jacques Thénard* in Paris tätig.
Ein Schwefelhölzchen, das am Kopf eine Mischung von Kaliumchlorat, Zucker oder Stärke und Schwefel trug, wurde mit seiner Spitze in konzentrierte Schwefelsäure getaucht. Wenige Jahre nach dieser Erfindung erfolgte eine Verbesserung der Methode, indem man das Hölzchen in eine mit konzentrierter Schwefelsäure getränkte Asbestmasse tauchte. Wurde die Spitze rasch wieder herausgezogen, so entzündete sich das Hölzchen.
Heute ist bekannt, daß bei der Reaktion von konzentrierter Schwefelsäure mit Kaliumchlorat Chlorsäure entsteht, die dann weiter in Perchlorsäure und Chlordioxid zerlegt wird. Das Chlordioxid zerfällt unter Abgabe von Wärme in Chlor und Sauerstoff:

$$KClO_3 + H_2SO_4 \rightarrow HClO_3 + KHSO_4$$

$$3\,HClO_3 \rightarrow 2\,ClO_2 + HClO_4 + H_2O$$

$$ClO_2 \rightarrow \tfrac{1}{2}\,Cl_2 + O_2$$

Durch die entstehende Wärme wird das Hölzchen entzündet.
In Deutschland wurden derartige Tunkfeuerzeuge seit 1808 von *C. Wagemann* in Tübingen und dann in Berlin hergestellt. Die große Steingutfabrik des Baron *von Eckartstein* lieferte ihm dort die Steingutgefäße für seine »Eupyrion-Feuerzeuge«. Die einfachste Ausführung, für den Gebrauch in der Küche bestimmt, kostete nach der Preisliste von 1810 16 Groschen. Ein Feuerzeug aus feinkoloriertem Steingut nebst Lichthalter und Tintenfaß wurde ebenso wie ein Reisefeuerzeug für 2 Taler gehandelt. Hundert Zündhölzer kosteten 3 Groschen.
1813 prieß *Wagemann* »verbesserte Eupyrions« an, die sich durch die Verwendung einer trockenen Zündmasse von den früheren unterschieden. Dabei handelte es sich um Schwefelsäure, die in gestoßenem Amianth (Asbest) mit einem Bindemittel aufgesaugt war.
Bei der englischen instantaneous light box (Augenblicks-Lichtkasten) wurde der Korkpfropfen der Zündflasche mit einem Knopf aus Zinn versehen, um ihn leicht herausziehen zu können.
Daß es nicht immer einfach war, mit diesen Feuerzeugen die Hölzchen gefahrlos in Brand zu setzen, schrieb *M. F. Crass* in einer Publikation aus dieser Zeit: »Anstelle einer brillianten Flamme schwelte das Holz nur und verspritzte Säure zum Schaden der Kleidung. Aus Sparsamkeitsgründen hat man oft nicht vollständig entzündete Hölzchen zu den anderen gelegt, aber beim Kontakt mit den anderen wurden diese durch Spuren von Säure entzündet, so daß der gesamte Vorrat unkontrolliert abbrannte.«
Tunkfeuerzeuge wurden auch in den USA zwischen 1810 und 1850 angewendet. In einer Zeitungsanzeige aus dem Jahre 1830 heißt es unter Anspielung auf die Schwierigkeiten bei der Verwendung der Pinkfeuerzeuge: »Schütze deine Gelenke, erspare dir Zeit und Sorgen; verwende Heurtners's Eupyrion, Preis 1 Schilling!«
Stephan Rómer, der aus Ungarn stammende Wiener Zündholz-Fabrikant, war entscheidend an der Entwicklung aller Arten von Zündmaschinen beteiligt. So verbesserte er u. a. auch die Herstellung von Kaliumchlorat. Das entsprechende Patent erhielt er am 18. 12. 1821. Seine Tunkzündhölzer wurden nach einem Bericht über die erste allgemeine österreichische Gewerbeprodukten-Ausstellung 1835 mit folgenden Worten gekennzeichnet: »Die sogenannten chemischen Feuerzeuge ... werden in seiner Fabrik um so niedrige Preise verfertigt, daß sie sich bereits in den Wohnungen der niederen Klassen und zwar in dem ganzen österreichischen Staate vorfinden«.
Eine interessante Modifikation wurde 1824

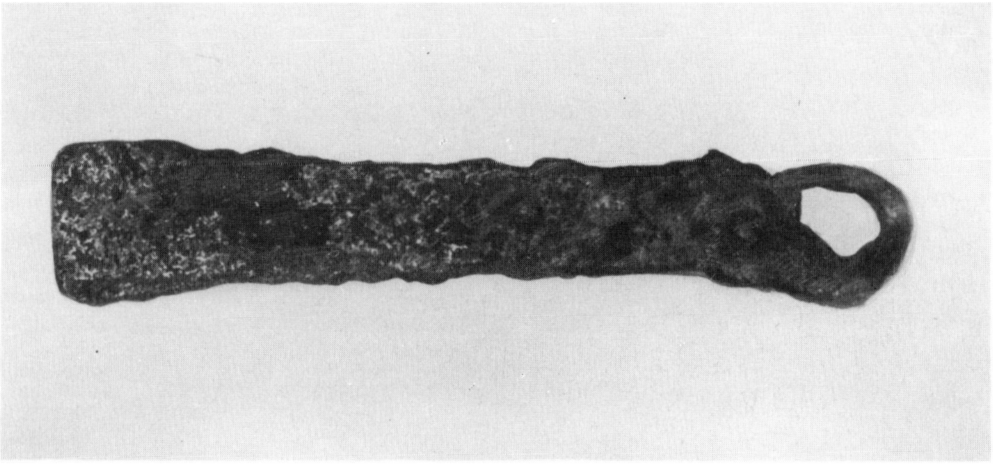

Germanischer Feuerstahl aus einem Grab bei Nitzahn (Kreis Genthin)

Feuersteine (auch Silex oder Flint genannt) wurden über Jahrtausende zum Erzeugen von Feuer verwendet

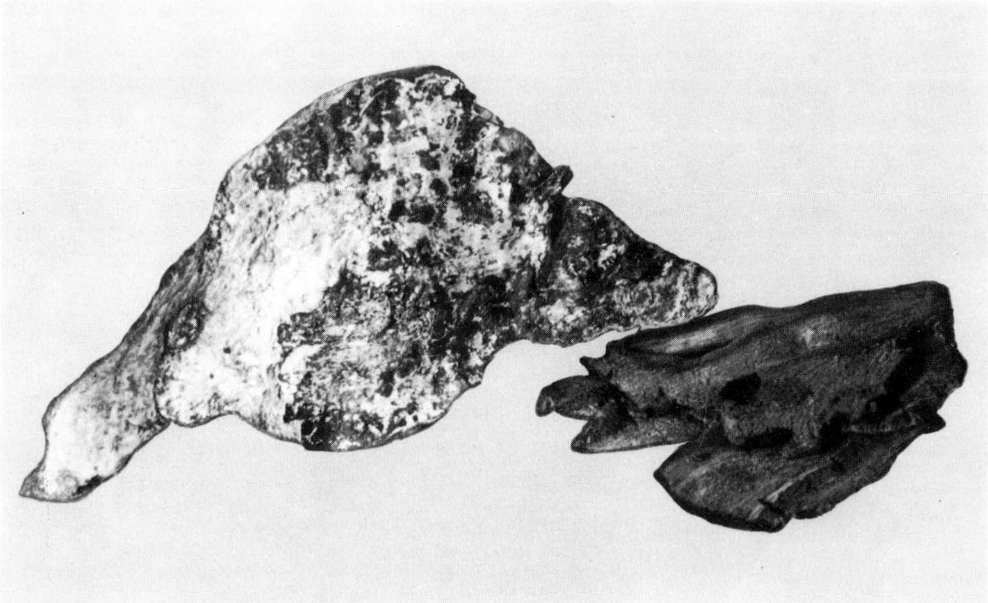

Pyrit (Eisensulfid) ergibt beim Anschlagen glühende Funken

Aus dem unbearbeiteten Baumpilz (links) wird der Zunder (rechts) gewonnen

Verschiedene Formen
von Pinkstählen

Afghanischer Feuerhammer
aus dem 19. Jahrhundert

Mongolisches Hirtenfeuerzeug aus Leder mit eingearbeitetem Pinkstahl (um 1850)

Reibefeuerzeug in Dosenform aus Nürnberg; zweite Hälfte des 16. Jahrhunderts

Haushaltfeuerzeug mit Pinkeisen, Feuerstein und Zunder (um 1700)

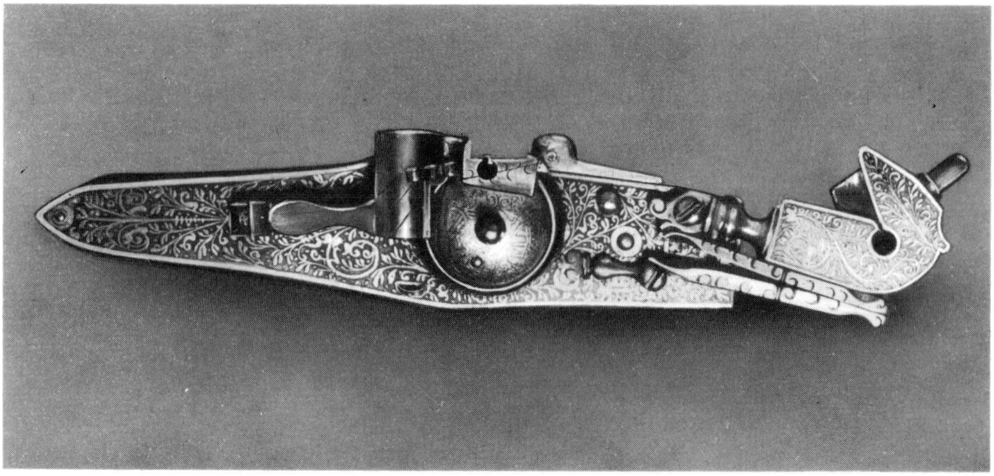

Radschloßfeuerzeug aus der zweiten Hälfte des 16. Jahrhunderts

Tischfeuerzeug in Schnapphahntechnik (um 1630)

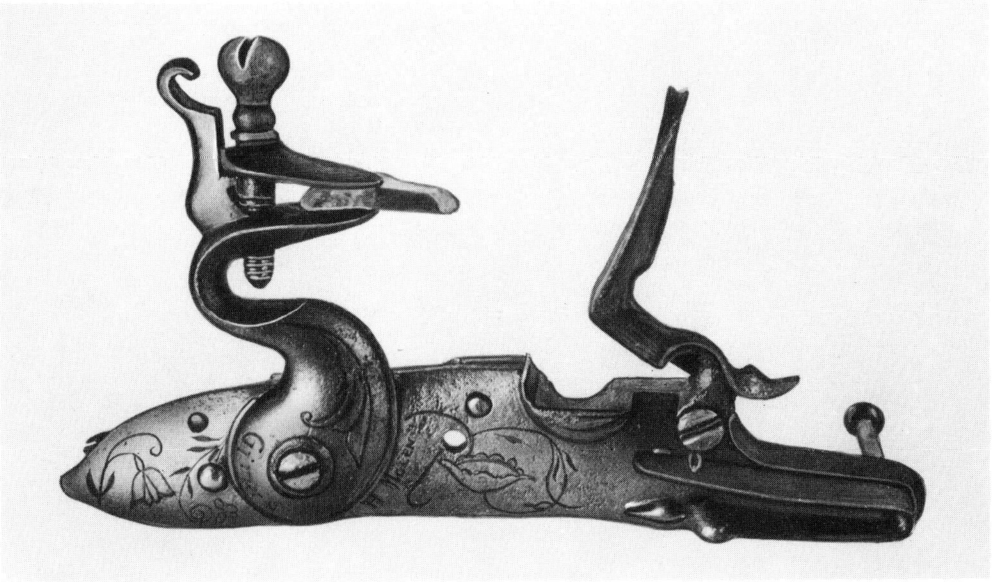

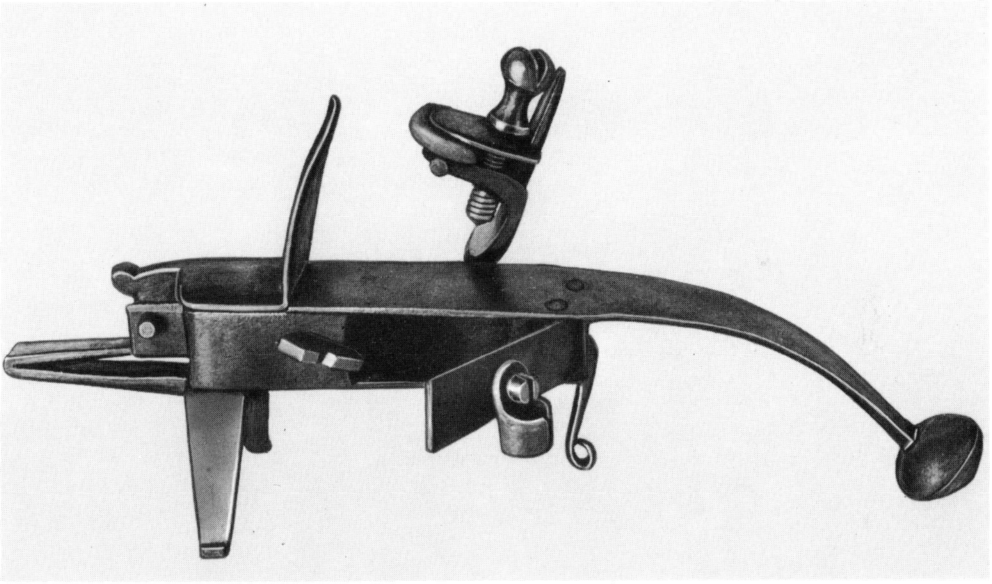

Schnapphahn-Gewehrschloß aus der Zeit um 1700. Im Mittelalter waren aus Steinschloßgewehren Feuerzeuge gearbeitet worden

Ein um 1750 gebautes Tischfeuerzeug in Schnapphahntechnik

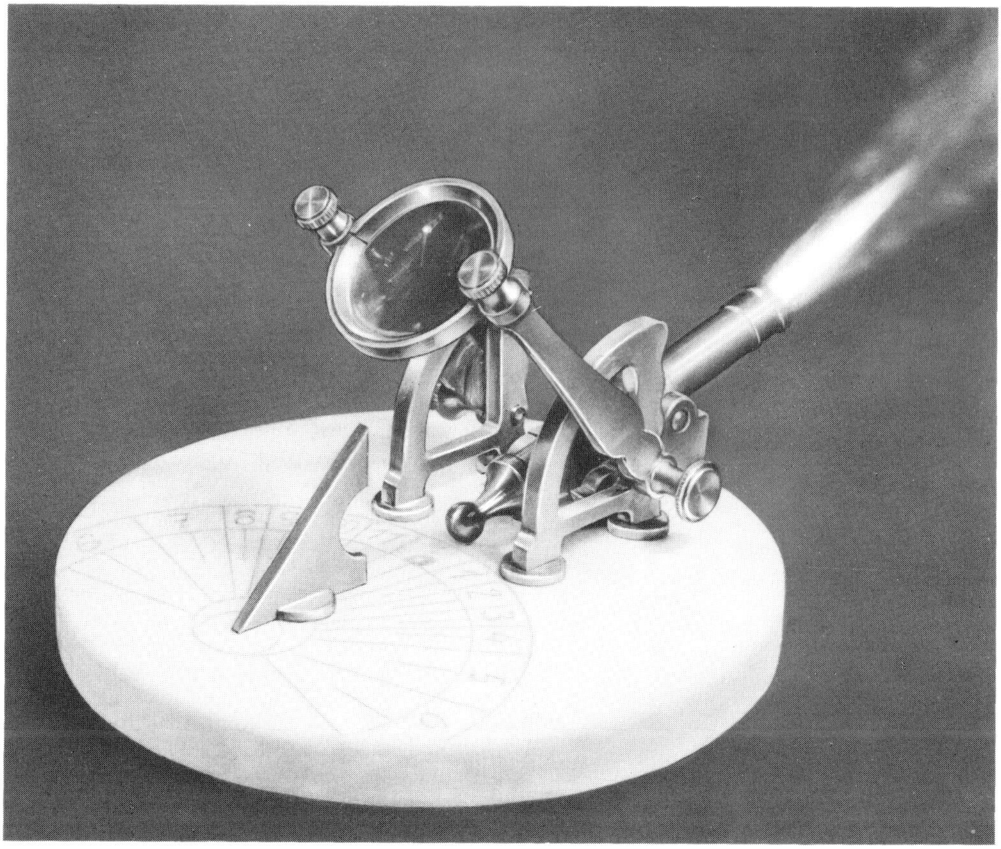

Nachbildung der »Mittagskanone« aus dem Mathematisch-Physikalischen Salon, Dresden (um 1780)

Herstellung von Kippsteinen. Links wird der Feuersteinknollen mit einem Vierteiler zerschlagen, rechts werden die Klingen mit einem Lamellenhammer zerkleinert

Tunkfeuerzeug – Hölzchen mit Behälter
(um 1810)

Nachgebildete Tunkhölzer

Wachszündholzkerzen, die etwa 5 min brennen (um 1880; Norddeutsche Zündholzindustrie) Sarstedt in Hannover)

Zündholzherstellung in England im 19. Jahrhundert

MIXING COMPOSITION
DRYING ROOM
FILLING FRAMES
STAMPING BOXES

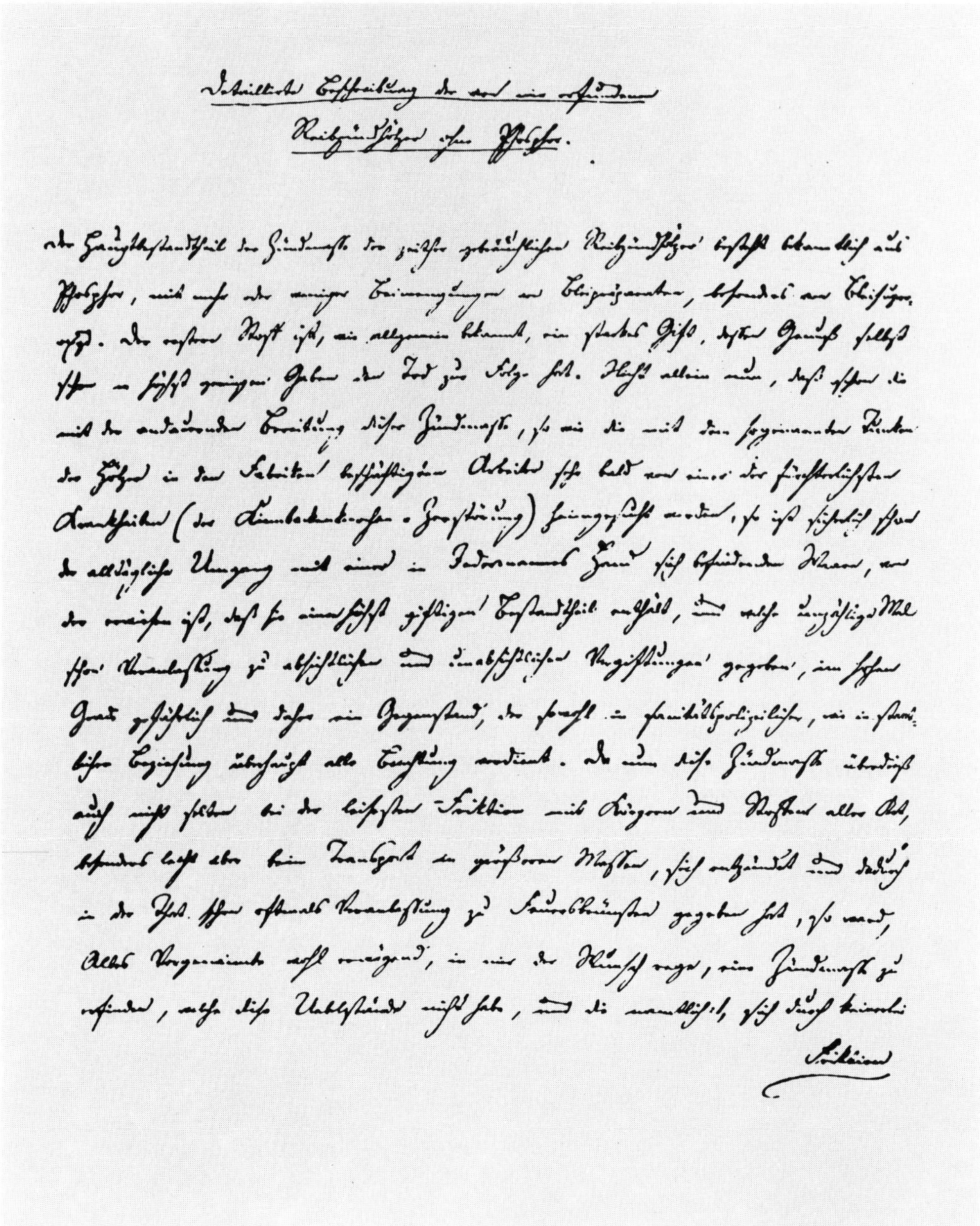

Handschriftliche Originalbeschreibung
der Sicherheitszündhölzer von Boettger

Sicherheitszündhölzer
der zwanziger Jahre aus
verschiedenen Ländern

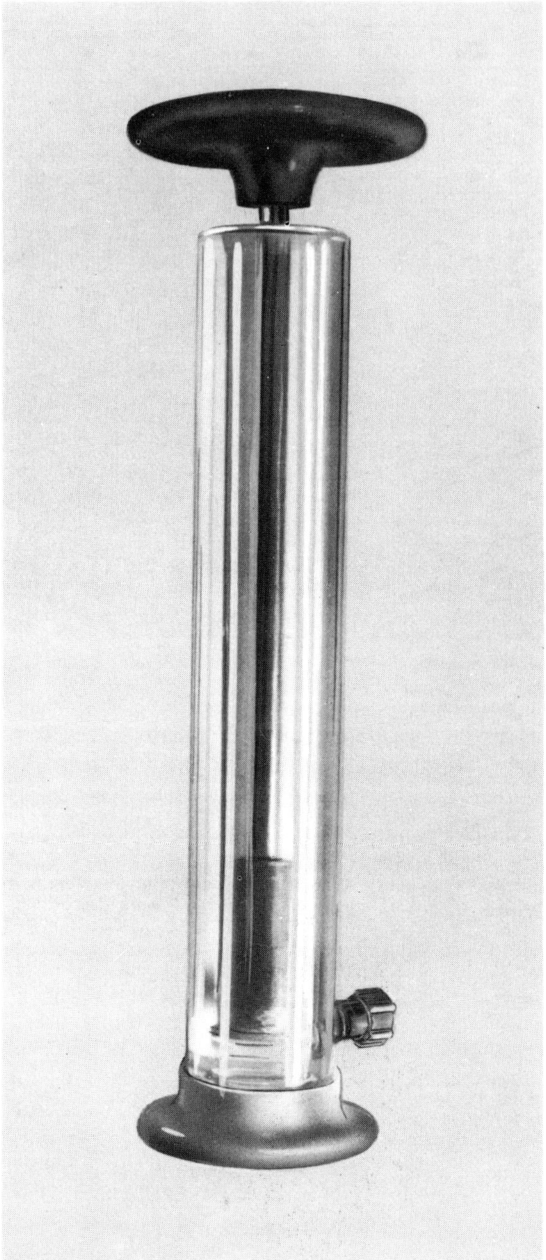

Pneumatisches Feuerzeug, wie es um 1810 verwendet wurde – Nachbildung für den Physikunterricht

in England patentiert. Sie ermöglichte es dem Anwender, im Bett oder anderswo Licht zu entzünden, indem er an einer Schnur zog. Die Vorrichtung bestand aus einer dünnen Blechschachtel mit einem versenkten Deckel. Die Schnur lief über einen Ring in der Weise, daß ein Glasstöpsel abgezogen wurde, so daß Säure auf das »Zündholz« spritzte und sich dieses entzündete. Ein weiterer Zug an der Schnur veränderte die Stellung des entzündeten Holzes, und eine kleine Spirituslampe konnte angezündet werden.

1828 wurden in England von *Samuel Jones* die sogenannten Prometheus-Hölzer (Promethean Matches, Prometheans) erfunden. In einem dünnen Röllchen aus Papier befand sich ein Gemisch aus Kaliumchlorat und Zucker sowie ein beiderseits zugeschmolzenes Röhrchen mit konzentrierter Schwefelsäure. Indem man das Glasröhrchen mit einer Zange zerdrückte, kam die Schwefelsäure in Berührung mit der Zündmasse und bewirkte ihr Entflammen. Von *Jones* wurde für die Prometheans folgende Rezeptur angegeben: 24,7% Schwefel, 8,8% Lycopodium, 34,9% Kaliumchlorat und 31,4% Gummi. Die Säure enthielt 61,9% H_2SO_4 und war mit einer Spur Indigo versehen, um der Flüssigkeit ein gefälligeres und vielleicht auch mysteriöseres Aussehen zu geben. Wegen der hohen Kosten und der Unglücksfälle, die sich bei der Anwendung der Prometheans ergaben, setzte sich diese Art des Feuererzeugens nicht durch.

»Ein kleines Feuer
an dem man sich wärmen kann,
ist besser als ein großes,
an dem man sich verbrennt.«

Vom Feuerzeug und Schwefelhölzchen

Der dänische Dichter *Hans Christian Andersen* lebte in einer Zeit, als die ersten chemischen Feuerzeuge aufkamen und mit Hilfe von Phosphorhölzern das Feuermachen immer leichter wurde. *Andersen*, 1805 als Sohn eines armen Schuhmachers geboren, erlebte in seiner Jugend, wie schwer es viele Menschen hatten, sich das Lebensnotwendigste zu verdienen.

Durch seine gleichermaßen empfindsamen wie eindrucksvollen Märchen erwarb er sich Weltruhm. Herzensgüte und Naivität sind in seinen Dichtungen miteinander verbunden. Mit feinem Spott und einer wunderbaren Phantasie beseelte und verzauberte er die rauhe Wirklichkeit und machte sie für viele Menschen damit wenigstens für Stunden erträglich.

Alltagsgegenstände, wie sie den Kindern aus dem täglichen Leben vertraut waren, sind in *Andersens* Märchen die Ausgangspunkte. Dazu gehören Stopfnadeln, Lampen, Zinnsoldaten und andere kleine Dinge. Auch in den beiden Märchen vom Feuerzeug und vom Mädchen mit den Schwefelhölzchen sind zwei solcher Gegenstände beschrieben.

Das Märchen vom Feuerzeug besticht durch seine unbändige Freude an grotesken Situationen. Ein fröhlicher Soldat begegnet auf der Landstraße einer alten häßlichen Hexe, die ihn überredet, für sie aus einem hohlen Baum einen Schatz zu holen. Der Schatz, den die Hexe meint, ist aber weniger das Gold-, Silber- und Kupfergeld, das unter der Erde in großen Kisten liegt, auf denen Hunde mit riesigen Augen Wache halten, vielmehr ist der Schatz ein altes Feuerzeug, das offenbar wunderbare Kräfte hat. Da der Soldat glaubt, daß die alte Hexe ihn betrügen will, schlägt er ihr kurzerhand den Kopf ab. Mit dem vielen Geld, das er aus dem Baum geborgen hat, führt er ein lustiges Leben, bis er nur noch zwei Schilling besitzt. Er muß das schöne Zimmer verlassen, in dem er wohnt. In seinem kleinen Dachstübchen erinnert er sich des Feuerzeuges, eines Pinkfeuerzeuges, wie folgender Ausschnitt aus dem Märchen zeigt:

»Er holte das Feuerzeug und den Lichtstummel vor: aber gerade indem er Feuer schlug und die Funken aus dem Flintsteine flogen, sprang die Tür auf, und der Hund, welcher Augen wie ein paar Teetassen so groß hatte, und den er unter dem Baume gesehen hatte, stand vor ihm und sagte: ›Was befiehlt mein Herr?‹« Leichtsinnig befiehlt er dem Hund, die Prinzessin, die Tochter des Königs, zu ihm zu bringen. Dieses Spiel wiederholt sich einige Nächte lang, bis die Königin durch einen Trick herausfindet, wo ihre Tochter die Nächte verbringt. Nun geht es dem Soldaten schlecht, er wird zum Tode verurteilt und erwartet seine Hinrichtung. Doch ehe es soweit ist, bittet er sich noch die Gnade aus, ein Pfeifchen Tabak rauchen zu dürfen.

»Das wollte der König ihm denn auch nicht abschlagen, und so nahm der Soldat sein Feuerzeug und schlug Feuer, einmal, zweimal, dreimal! Da standen alle Hunde da, der mit den Augen so groß wie Teetassen, der mit den Augen so groß wie Mühlräder und der, welcher Augen so groß wie der runde Turm hatte. ›Helft mir nun, daß ich nicht gehängt werde‹, sagte der Soldat, und da fielen die Hunde über den Richter und den ganzen Rat her, nahmen den einen bei den Beinen und den anderen bei der Nase und warfen sie viele Ellen hoch in die Luft, so daß sie beim Niederfallen sich ganz in Stücke zerschlugen.« Mit der Prinzessin wird nun Hochzeit gehalten, und diese Hochzeit »dauert acht Tage lang und die Hunde saßen mit an der Tafel und machten große Augen«.

In dem Märchen »Das Schwefelhölzchen« schlägt *Andersen* einen ganz anderen Ton an. Den Lesenden berührt vor allem das soziale Anliegen, über das auch die poetische Verklärung des Endes nicht hinwegtäuschen kann.

Das kleine Mädchen steht in der Kälte und versucht, den vorübereilenden Passanten Schwefelhölzchen zu verkaufen. »Es war entsetzlich kalt; es schneite, und der Abend dunkelte bereits; es war der letzte Abend im Jahre, Silvesterabend. In dieser Kälte und in dieser Finsternis ging auf der Straße ein kleines, armes Mädchen mit bloßem Kopfe. In ihrer alten Schürze trug sie eine Menge Schwefelhölzer, und einen Bund hielt sie in der Hand. Während des ganzen Tages hatte ihr niemand etwas abgekauft, niemand hatte ein Almosen gereicht. Hungrig und frostig schleppte sich die arme Kleine weiter und sah schon ganz verzagt und eingeschüchtert aus... Wenn sie es wagen dürfte, eines aus dem Schächtelchen herauszunehmen, es gegen die Wand zu streichen und die Finger daran zu wärmen! ›Ritsch!!‹ wie sprühte es, wie brannte es, das Schwefelholz strahlte eine warme, helle Flamme aus wie ein kleines Licht, als sie das Händchen um dieselbe hielt. Es war ein merkwürdiges Licht, es kam dem kleinen Mädchen vor, als säße es vor einem großen, eisernen Ofen mit Messingbeschlägen und Messingverzierungen; das Feuer brannte so schön und wärmte so wohltuend. Die Kleine streckte schon die Füße aus, um auch diese zu wärmen – da erlosch die Flamme. Der Ofen verschwand, sie saß mit einem Stümpfchen des ausgebrannten Schwefelholzes in der Hand da.«

In seiner Sehnsucht nach Wärme und Licht zündet das kleine Mädchen nach und nach ein Hölzchen nach dem anderen an, bis es zu phantasieren beginnt und schließlich in einem kalten Torwinkel erfroren aufgefunden wird, »... mit roten Wangen und einem Lächeln um den Mund, denn das Licht der Schwefelhölzchen hat ihre letzten Stunden mit Glanz erfüllt«.

Andersens Märchen erschienen zum ersten Mal 1835. Zu dieser Zeit waren die ersten Phosphorzündhölzer auf dem Markt. Ist es nun die Freiheit des Dichters, daß die Schwefelhölzer, welche man eigentlich nur in Verbindung mit dem Pinkfeuerzeug gebrauchte, von dem kleinen Mädchen durch Reiben ähnlich wie die Phosphorzündhölzer entzündet wurden, oder irrte sich *Andersen* bei der Beschreibung des Zündens? Wie dem auch sei, das Märchen verliert dadurch nicht an Aussagekraft und beeindruckender Schönheit.

»Wer ein gut Feuer will erhalten,
muß das grobe Holz spalten.«

Zündhölzer

Bevor die Entwicklung der Zündhölzer beschrieben wird, muß nachdrücklich betont werden, daß die verschiedenen Arten der sogenannten chemischen Feuerzeuge mehr oder weniger Luxusartikel des »gehobenen« städtischen Bürgertums waren. Die Menschen auf dem Land und die wenig verdienenden Handwerker der Stadt sowie die kleinen Beamten verwendeten bis zur Einführung der Phosphorzündhölzer nach wie vor Pinkeisen und Stein. Ein amerikanischer Autor schrieb 1877: »Vor fünfzig Jahren war die Zunderbüchse so unerläßlich wie heute die Zündhölzer.« Über das Feuermachen auf dem Land aus der Zeit um 1840 heißt es bei *Wilhelm Busch* in »Von mir über mich«: »Mein gutes Großmütterchen war zuerst wach in der Früh. Sie schlug Funken an einem p-förmigen Stahl, bis einer zündend ins Uesel sprang, in die halbverkohlte Leinwand im Deckelkästchen des Feuerzeugs – und bald flammt es lustig in der Küche im offenen Herde, unter dem Dreifuß und dem Kupferkessel.«
Feuer benötigte man aber nicht nur zum Heizen, sondern auch zum Anzünden der Kerzen und Gaslaternen wurde es gebraucht. In zunehmendem Maß fand es außerdem in den Laboratorien Verwendung.

Friction lights und Lucifers

Den Höhepunkt bei der Anwendung der chemischen Eigenschaften eines Stoffes zum Erzeugen von Feuer bildete im Jahre 1826 die Entwicklung von Reibhölzern. Der Erfinder war *John Walker* aus Stockton-on-Tees, Grafschaft Durham. Obwohl Reibhölzer wahrscheinlich schon vor dieser Zeit hergestellt wurden, gibt es nur den nachweisbaren Bericht der Herstellung durch *Walker*.
Er wurde 1781 geboren, ging bei einem Wundarzt in die Lehre und begann bereits während seiner Ausbildung mit chemischen Stoffen zu experimentieren. Diese Experimente brachten ihm in der näheren Umgebung den Ruf eines Wissenschaftlers ein. Das Beschäftigen mit der Natur ließ in ihm den Wunsch wach werden, sich den Pflichten eines Wundarztes zu entziehen, so daß er später in einer Firma als Drogist arbeitete. Im Jahre 1819 erwarb er in Stockton eine Apotheke, die er bis wenige Jahre vor seinem Tod behielt. Er starb 1857.
Walkers erster Verkauf von Zündhölzern ist datiert vom 7.4.1827. Die Entdeckung seines Geschäftsbuches im Jahre 1890 zeigte, daß die Arbeiten an dem Zündholz neben der Beschäftigung mit einem Perkussionspulver, das aus Kaliumchlorat und Antimonsulfid bestand, einhergingen. Verschiedene Eintragungen weisen darauf hin, daß *Walker* zunächst Tunkhölzer herstellte. Zielgerichtet erfand er durch Kombination dieser beiden Dinge (des Perkussionspulvers aus Kaliumchlorat und Antimonsulfid sowie der Mischung für die Tunkhölzer, bestehend aus Kaliumchlorat und Zucker) die Reibhölzer. Er war ein sorgfältig planender Chemiker. Die Erfindung erfolgte also nicht zufällig, wie in einer Zeitung des Jahres 1857 berichtet wurde, wonach ihm eine Mischung auf den Herd gefallen war und sich entzündet hatte.
Eine spätere Analyse der Zündhölzer ergab folgende Zusammensetzung: Kaliumchlo-

rat, Antimonsulfid, Gummi und Stärke. *Walkers* Hölzer bestanden aus 3 Zoll (etwa 7,5 cm) langen dünnen Holzstäbchen, die in die angegebene Mixtur getaucht waren. Zu jeder Metalldose, in der sich die Hölzer befanden, gehörte ein gefaltetes Stück Sandpapier. 168 Dosen wurden zwischen 1827 und 1828 verkauft.

In den folgenden Jahren wurden seine Reibzündhölzer in London bekannt. Es wird berichtet, daß *Faraday* einige dieser Hölzer in seinen Vorlesungen verwendete. Ein lobender Artikel über die Erfindung wurde in der Zeitschrift »The Quaterly Journal of Science, Literature and Art« veröffentlicht.

Walker war jedoch zu bescheiden, um sich seine Erfindung patentieren zu lassen. Im Jahre 1829 stellte ein junger Chemiker namens *Samuel Jones* Imitationen der Walkerschen Hölzer her und verkaufte diese als sogenannte Lucifers. *Jones* hatte die Walkerschen Hölzer wahrscheinlich in den Vorlesungen von *Faraday* kennengelernt. Er bot »seine« Erfindung Londoner und königlichen Institutionen an und wurde der erste Zündholzhersteller, der die Hölzer in einer ähnlichen Schachtel verpackte, wie man sie heute noch verwendet.

Der Begriff Lucifer ist wahrscheinlich eine werbewirksame Schöpfung von *Jones*. *Walker* nannte seine Hölzer Friction Lights. Dieser Name wurde jedoch im allgemeinen Sprachgebrauch, im Unterschied zu dem Wort Lucifer, nicht verwendet.

Um die Zündhölzer zum Entflammen zu bringen, mußte man sie zwischen Sandpapier reiben. Die Entzündung erfolgte oftmals explosionsartig, so daß Funken und brennende Teile des Holzes nach allen Richtungen verstreut wurden. Später schwefelte man die Hölzer und fügte zur Geruchsverbesserung Kampfer hinzu. Auf die Schachteln der Lucifers druckte man folgende Warnung: »Wenn möglich, vermeiden Sie das Einatmen des Gases, das sich beim Abbrennen der schwarzen Masse bildet. Personen mit empfindlichen Lungen sollten Lucifers nicht verwenden.«

In Deutschland wurden derartige Hölzer auch hergestellt und unter dem Namen Frictionszündhölzer oder auch mit dem in England den Phosphorzündhölzern vorbehaltenen Namen »Congreve« bezeichnet. In der Übergangszeit von den Walkerschen zu den Phosphorzündhölzern verwendete man in Deutschland die Bezeichnung Congrevische Hölzchen für beide Sorten, ebenso, wie in England der Name »Lucifers« auch für Phosphorzündhölzer benutzt wurde.

Die Zusammensetzung der Lucifers wurde durch *Isaac Holden* verbessert. Er gab noch Schwefel zu der Zündmischung und konnte dadurch die Zündfähigkeit verbessern.

Tabelle 1. Zusammensetzung von Lucifer-Zündmischungen

Stoff	England 1832/1833	Frankreich 1832/1833
Schwefel	6,5 %	12,5 %
Antimonsulfid	24,6 %	18,1 %
Kaliumchlorat	27,6 %	41,0 %
Eisenoxid	5,6 %	3,5 %
Gummi arabicum	35,7 %	24,9 %

In den USA war der erste Hersteller der Lucifers *Ezekial Byam*. Die Lucifers gab es nicht lange, weil die aufkommenden Phosphorzündhölzer bessere Eigenschaften hatten.

Die Erfindung der Phosphorzündhölzer

Anfang der 30er Jahre des vorigen Jahrhunderts kamen diese Zündhölzer auf. Der Gedanke, sie zu erzeugen, lag sehr nahe, denn es waren schon Feuerzeuge als Phosphor-Büchsen in Gebrauch, bei denen der Phosphor durch Reiben entzündet wurde. In *Gill's* Technological and Microscopic Repository von 1830 werden bereits Walkersche Reibzündhölzer mit Kaliumchlorat erwähnt. Es ist deshalb nicht verwunderlich, daß in diesem Aufsatz die Möglichkeit des Anbringens von Phosphor auf dem Schwefelholz erwogen wird. Der Verfasser des Berichtes erwähnt einen seiner Freunde, den Professor der Chemie *J. T. Cooper*, der schon seit Jahren solche mit Phosphor getränkten Hölzchen herstellte. Nahm man nun anstelle der Schwefelhölzer Walkersche oder andere, mit Kaliumchlorat versehene Hölzer, so brauchte man nur noch ein Verfahren zu ersinnen, wie der Phosphor der Zündmasse beizumischen war, ohne daß seine Wirksamkeit durch längeres Lagern beeinträchtigt wurde.

Die Erfindung des Phosphorzündholzes lag also nahe. Es ist daher schwierig zu entscheiden, wer der eigentliche Erfinder war. Wegen der Bedeutung, die die Reibzündhölzer auf der Basis von Phosphor für die nächsten 50 Jahre hatten, versuchten die führenden Industriestaaten Europas, diese Erfindung für sich zu beanspruchen. Als man zu Beginn der 30er Jahre dieses Jahrhunderts die hundertjährige Geschichte des Phosphorzündholzes feierte, standen vor allem zwei Namen im Brennpunkt des Interesses: *Charles Sauria* und *Jakob Friedrich Kammerer*. Daneben sind aber vor allem der Ungar *János Irinyi* und der Österreicher *Stephan Rómer* zu nennen. In Italien wird auf *Domenico Ghigliano* und *Sansone Valobra* als Erfinder hingewiesen. Hier soll über einige der Erfinder berichtet werden, ohne zu werten, wem das Primat zukommt. Von Interesse sind diese Menschen, weil sie durch ihr Engagement eine Entwicklung entscheidend beeinflußt haben.

Charles Sauria

Er wurde in St. Lothair 1813 geboren. Als 18jähriger Schüler am Collége de l'Arc in Dole kam er durch Experimente seines Lehrers mit Mischungen von Schwefel und Kaliumchlorat auf den Gedanken, eine solche Mischung zusätzlich mit Phosphor zu versetzen, um diese zum Feuererzeugen zu verwenden. Nach einer Schilderung von *L. Chapoy* aus dem Jahre 1892 – *Sauria* selbst hatte über seine Erfindung nie etwas veröffentlicht – mißglückten zunächst viele Experimente. Als Folge derartiger Untersuchungen in der kleinen Wohnung von *Sauria* im Collége war eine bestimmte Stelle mit Phosphor durchsetzt. Beim zufälligen Reiben eines mit Kaliumchlorat getränkten Schwefelholzes entzündete es sich. Ein Schulkamerad, der Zeuge dieses Versuches war, berichtete von der Entdeckung sofort bei Lehrern und Schülern. *Sauria* verbesserte seine Erfindung, indem er Kaliumchlorat und Phosphor mit Hilfe von Gummi arabicum an den Hölzchen befestigte.

In dem Bericht von *Chapoy* wird ein Brief eines Lehrers von *Sauria* aus dem Jahre 1868 wiedergegeben, in dem er sich erinnert, diese Hölzer im Januar 1[illegible]esehen zu haben. *Sauria* hat ansch[illegible] seine Versuche nur als Spielerei a[illegible]ßt und erst später, als diese Art der Zündhölzer weltweit bekannt war, hat er um die Anerkennung als Erfinder gerungen. Während bei dieser Entdeckung der Zufall eine entscheidende Rolle spielte, war das bei den Arbeiten von *Jacob Friedrich Kammerer* nicht der Fall.

Jacob Friedrich Kammerer

In einigen deutschsprachigen Lehrbüchern der Chemie hält sich hartnäckig die Legende, daß der »Student der Chemie« *Jacob Friedrich Kammerer* 1832 das Phosphorzündholz erfunden habe. Er soll im gleichen Jahr am Hambacher Fest, einer Versammlung von etwa 30000 Anhängern der demokratisch-republikanischen Bewegung Süddeutschlands, teilgenommen ha-

ben, wegen aufrührerischer Reden festgenommen und zu einer längeren Freiheitsstrafe im damaligen württembergischen Staatsgefängnis auf dem Hohenasperg verurteilt worden sein. Der milde Festungskommandant gewährte dem Gefangenen viele Freiheiten. Angeblich wurde ihm sogar ein Laboratorium zur Verfügung gestellt. *Kammerer* setzte seine Versuche, die er an der Universität begonnen hatte, fort. Er experimentierte mit Kaliumchlorat und Schwefelsäure, vor allem aber mit weißem (gelbem) Phosphor. Er stellte Zündhölzer her, die sich durch Reibung an der Mauer seiner Zelle entzünden ließen.
Was ist an dieser etwas romantisch anmutenden Entdeckungsgeschichte des Phosphorzündholzes nun wahr? Nachweisbar ist folgendes: *Kammerer* wurde am 24. Februar 1796 in Ehningen bei Böblingen (Schwaben) geboren. Er besuchte die Schule in Ludwigsburg und erlernte bei seinem Vater das Siebmacherhandwerk. 1823 pachtete er eine Gastwirtschaft. Wegen Beleidigung des Besitzers wurde er mit 14 Tagen Gefängnis bestraft, womit seine Laufbahn als Gastwirt beendet wird. Danach betätigte er sich als Hutmacher und pries in vielen Zeitungsinseraten seine »wasserdichten Seidenhüte« an. Im Jahre 1830 erschien im Ludwigsburger Wochenblatt eine Annonce, in der *Kammerer* mitteilte, daß er durch Tausch in den Besitz von »Platina-Zündmaschinen« gekommen sei und diese billig verkaufen möchte. Wahrscheinlich war das seine erste Bekanntschaft mit der Technik des Feuermachens. In dieser Zeit brach in Frankreich die Julirevolution aus, die auch der Opposition in Deutschland neuen Aufschwung gab. *Kammerer* beteiligte sich 1831 an Zusammenkünften von Bürgern, die gegen die Adelsherrschaft und die territorialstaatliche Zersplitterung auftraten. Ein Leutnant *v. Koseritz* und der Stuttgarter Buchhändler *Frankh* waren die Sprecher dieser revolutionären Demokraten, deren politische Schriften *Kammerer* vertrieb. Die Pläne der Gruppe wurden entdeckt und die Beteiligten festgenommen. Auch *Kammerer* gehörte dazu. Er wurde angeklagt und verbüßte auf dem Hohenasperg eine 4monatige Untersuchungshaft. Da er krank wurde, konnte er auf Antrag des Gefängnisarztes die Festung gegen Stellung einer Kaution verlassen.
Im Jahre 1834 erschienen von ihm im Ludwigsburger Wochenblatt Inserate, in denen er »Stiefel aus Gummi elasticum« anbot. Erst 1836 veröffentlichte die gleiche Zeitung Angebote *Kammerers* über die Lieferung »Congrevescher Zündhölzer«. Die Tatsache, daß er in der Anzeige den Namen eines anderen Erfinders benutzte, wurde später dahingehend gedeutet, daß er nicht der Erfinder der Phosphorzündhölzer sein könnte. *Kammerer* war viel zu sehr Geschäftsmann, so daß man aus dem Verkauf eines Erzeugnisses mit schon eingeführtem Namen keine Schlußfolgerungen dieser Art ziehen kann. 1836 wurden *Kammerers* Zündhölzer von dem renommierten Nürnberger Handelshaus Leuchs & Co. vertrieben. Die ersten Zündhölzer auf der Basis von Phosphor tauchten in Schwaben auf. Außerdem liegt ein Gutachten von Professor *Degen* aus Stuttgart vom 11. Juli 1833 über »Congrevesche Feuerzeuge« vor, in deren Zündmasse Phosphor gefunden wurde. In der Schrift wird auch über die Gefährlichkeit der Zündhölzer etwas ausgesagt. So spricht vieles dafür, daß *Kammerer* der Erfinder in Deutschland war. Zwar wird in dem Gutachten kein Name genannt, da es aber in einer sich auf die seit 1824 bestehende Kammerersche Hutfabrik beziehenden Akte gefunden wurde, liegt es nahe, daß Kammerersche Zündhölzer gemeint waren.
Es lohnt sich, das Leben von *Kammerer* auch weiter zu verfolgen. Am 17. Februar 1838 wurde er vom Eßlinger Kriminalsenat wegen »intellektueller Beihilfe zu einem versuchten Hochverrat« zu zwei Jahren Festungshaft verurteilt. Die Gruppe um den

Leutnant *v. Koseritz* (vom Gericht als »Frankh und Genossen« bezeichnet) war bereits 1835 abgeurteilt worden. Im Ludwigsburger Wochenblatt erschien am 19. April 1838 eine Anzeige *Kammerers* mit folgendem Text: »Meine Geschäftsfreunde ersuche ich, in der Folge an niemand etwas ohne meine schriftliche Anweisung auf meinen Namen verabfolgen zu lassen.« Zwischen den Zeilen kann man die Absicht *Kammerers* erraten, sich dem Urteil durch Flucht zu entziehen. Bald darauf war er verschwunden. Sein Geschäft wurde vorübergehend von seiner Frau fortgeführt. Er wendete sich zunächst nach Straßburg und gründete 1838 in Zürich eine Zündholzfabrik. *Kammerer* wurde vermögend und unterstützte in den Jahre 1849/50 aus Deutschland geflohene Demokraten, die aktiv an der bürgerlich-demokratischen Revolution teilgenommen hatten.

Interessant sind in diesem Zusammenhang die Erinnerungen seiner Tochter, *Emilie Wedekind*, der Mutter des Dichters *Frank Wedekind:* »In den Jahren 1848 bis 1849 kamen die deutschen Flüchtlinge scharenweise in die Schweiz und in unser Haus. Ich erinnere mich deutlich an die Zeit, wo im Waschhauskessel Fleisch, Suppe und Gemüse gekocht wurde; bei gutem Wetter stellte man die Tische im Hof auf, an denen die hungrigen Flüchtlinge gespeist wurden. Kleider und Schuhwerk spendete Vater den Abgerissenen und täglich kamen neue, teils mit Empfehlungen, teils gänzlich Unbekannte. Alle fanden Hilfe in ihrer Not bei dem guten, mitfühlenden Manne. Manche der jungen Leute fanden Anstellungen und andere richteten eigene Geschäfte ein. Diejenigen aber, die von Hause aus vermögend waren, ließen es sich in der schönen Schweiz wohl sein, alle aber besuchten das würthembergische Haus des gastfreien Vaters Kammerer. Sie halfen wacker mit, den selbstfabrizierten Champagner oder die neue Kaffeemischung zu probieren, womit in jener Zeit großartige Einnahmen erzielt wurden.« An anderer Stelle der Erinnerungen heißt es: »Zwischen Vater und den im Haus verkehrenden zahlreichen Gästen wurden meist nur politische Fragen besprochen. Wie sie alle geheißen haben, die damals ein- und ausgingen, weiß ich nicht mehr. Nur noch einige Namen sind mir erinnerlich wie *Pfau, Pächter, Hecker, Fröbel, Gross* und *Herwegh.*« *Kammerer* wurde zu einem geachteten Bürger der Schweiz, der sich bis zu seiner Krankheit durch Tatkraft sowohl im geschäftlichen als auch im gesellschaftlichen Bereich auszeichnete.

In den 50er Jahren des vorigen Jahrhunderts wurde er geisteskrank. Er verlebte die letzten Jahre seines Lebens in einer Anstalt und starb am 23. Oktober 1857 in Ludwigsburg.

In dieser Stadt wurde ihm zu Ehren 1934 eine Gedenktafel enthüllt. *Kammerer* wird darauf als Erfinder des Phosphorzündholzes bezeichnet. Wir wollen es dabei bewenden lassen. Sicherlich wurde das Zündholz – wie viele andere technische Erzeugnisse – in einem bestimmten Zeitabschnitt unabhängig von einander von mehreren Forschern entdeckt. *Kammerer* hat sich um die Entwicklung der Zündhölzer verdient gemacht; und für seine demokratische Haltung, geflüchtete Revolutionäre von 1848 zu unterstützen, gebührt ihm ehrendes Andenken.

Stephan Rómer

Er wurde am 26. Dezember 1788 in Nagy-Sáros in Ungarn geboren. Sein Vater war ein angesehener Rechtsanwalt, der alles tat, um seinen Sohn standesgemäß zu erziehen. Der Junge war sehr aufgeweckt und während der Schulzeit oft zu Lausbubenstreichen bereit. Er ging mit »Ach und Krach« bis zu seinem 14. Lebensjahr zur Schule und lernte dann bei einem Apotheker in Sátoraljaujhely. Hier erwachte seine große Liebe zur Chemie. *Rómer* arbeitete noch einige Jahre als Apotheker in Wien und ließ sich dann 1809 am Wiener Polytechnikum immatrikulieren. Mit 26 Jahren wurde er 1814 Magister der Pharmazie. Er heiratete eine Baronesse *v. Langen* und zog mit seiner Frau nach Pest. Leider wurde sein Vermögen veruntreut, so daß er sich die ersehnte Apotheke nicht kaufen konnte. Nachdem er einige Jahre als Feldapotheker gearbeitet hatte, gründete er eine chemische Fabrik, in der unter anderem Tunkhölzer auf Kaliumchlorat-Basis hergestellt wurden. Vor allem die Produktion von Chlorkalk, den man als vorzügliches Desinfektionsmittel gegen die gerade damals grassierende Choleraepidemie überall benutzte, verschaffte ihm ein gesichertes Auskommen. Er war nicht nur Chemiker, sondern vor allem auch Techniker. So verbesserte er den von *Heinrich Weilhöfer*, Diener und Tischler an der Lehrkanzel für Physik der Universität Wien, entwickelten Spezialhobel für die Herstellung von Zündhölzern und baute damit eine Maschine, mit der er täglich bis zu 400000 Hölzchen von einem Arbeiter herstellen lassen konnte.

Römer verbesserte außerdem die Produktion von Kaliumchlorat. Auch das Döbereiner Feuerzeug wurde von ihm dahingehend verändert, daß er die Flamme leuchtend machte. Hierauf erhielt er in der Zeit von 1834 bis 1836 drei Patente. Schließlich ist noch ein am 8. November 1834 auf fünf Jahre erteiltes Privileg (Österreichischer Ausdruck für Patent) zu erwähnen. Es betrifft ein tragbares Schnellfeuerzeug, das nach dem Döbereinerschen Prinzip arbeitet. Es war gewissermaßen der Ahne unserer heutigen Taschenfeuerzeuge.

Römer, der seit 1822 Tunkhölzer herstellte, produzierte seit 1832 Reibzündhölzer, die den Walkerschen ähnlich waren. In Inseraten pries er diese Zündhölzer folgendermaßen an:

»Die k.k.privil.
Chlor- und Zündprodukten – Hauptfabrike
(Haupt-Verschleiß-Niederlage in der Stadt auf dem Kärntnertortheaterplatz Nr. 1035) erzeugt
Neueste Art vollkommenster Frictions-Schnellzünder, zu welchen kein Zündfläschchen nötig ist und mit welchem man aller Orten auf die bequemste und sicherste Art, ohne besondere Handgriffe nöthig zu haben, augenblicklich flammendes und glimmendes Feuer erzeugen kann. Ein derley Taschenapparat kostet in Conv. Münze 4, 12, 16, 20, 30 kr, die Hölzchen und die Fidibus hinzu das Paket 4 kr.«

Das derzeit älteste Rezept, in dem nachweislich die Verwendung von Phosphor zur Herstellung der Zündmasse wiedergegeben wird, ist das Rezept in der Römerschen Privilegienbeschreibung vom 4. Januar 1834: »Die Maßa ... kann bestehen aus 10 Gran (ungefähr 720 mg) in einem aus 40 Gran Tragant (Bezeichnung für eine Mischung aus 20 Teilen Stärke, 6 Teilen Tischlerleim und 2 Teilen Glyzerin), 20 Gran arabischen Gummi und ein Loth (1/30 Pfund) Wasser gemachten Schleim in einer porzellainen Reibschale auf heißem Sande, Asche oder Marienbade geschmolzen und mittels Pistilo auf das exacteste subagierten Phosphor, welchem 1½ Quentchen (5,47 Gran) Chlorkali, 20 bis 40 Gran Salpeter und ebensoviel gepulvertes Schwefelantimon mittels einer hölzernen Spachtel beigemischt wird.«

Die allgemein beliebten Zündhölzer erhielten auf der Wiener Gewerbe-Ausstellung 1835 die silberne Verdienst-Medaille. Die ersten Phosphorzündhölzer hatten den Nachteil, daß das Zündgemisch nur unter explosivem Zischen Feuer fing. Auch kam es häufig vor, daß beim Streichen der Zündkopf zwischen den Reibpapierflächen stekkenblieb und abfiel.

Im Jahre 1836 kam nun *Irinyi* auf den Einfall, das Kaliumchlorat durch Bleidioxid zu ersetzen. Seine Entdeckung beschrieb er

mit folgenden Worten: »Als der Chemielehrer des Wiener Polytechnikums *P. Meißner* lebte, war ich sein und er mein Liebling. Unter anderem trug er über das Bleisuperoxyd vor, und er verrieb das braune Pulver mit Schwefelblüte in einem Glasmörser, wobei er die aufmerksame Zuhörerschaft darauf aufmerksam machte, daß sich der Schwefel entzünden werde, was aber nicht eintrat; mir kam dabei rasch der Gedanke, daß, wenn er an Stelle von Schwefel Phosphor genommen hätte, dieser schon längst brennen würde. Das ist die Erfindung! Dann sagte ich zu einem Kollegen, dessen Vater Fabrikant in Fünfhaus war und einen Laden auf dem Stefansplatz hatte, zu diesem sagte ich, er solle mir Minium (Mennige Pb_3O_4) und Scheidewasser besorgen und ich gab ihm einen Zwanziger (= 20 Kreutzer!) für Phosphor...; denn, sagte ich, ich will ›Zündhölzer‹ machen. Nach einer kleinen chemischen Berechnung bedurfte es keiner vielfachen Versuche. Den in heißem Wasser geschmolzenen Phosphor granulierte ich durch Schütteln. Nach Erkalten vermengte ich ihn mit dem abgewogenen braunen Pulver und mit Gummi arabicum...« Das braune Pulver war Bleidioxid, das er aus Salpetersäure und Mennige hergestellt hat.
Diese Erfindung kaufte *Rómer* für 60 Gulden und stellte später derartige Zündhölzer in seiner Fabrik her. Er wurde sehr vermögend, bewohnte in Wien ein großes Haus und empfing an seinen Besuchsabenden berühmte Gäste wie *A. Langner, Franz Grillparzer* und *M. G. Saphir*. Beim Umbau eines anderen Hauses starb er 1842 durch einen Unfall.
Irinyi, der Erfinder des geräuschlos entflammenden Zündholzes, war später ein bedeutender ungarischer Chemiker, der in Ungarn einer der ersten Zündholzfabrikanten wurde. Er starb 1895 im Alter von 78 Jahren. Ihm zu Ehren wurde 1936 in Budapest ein Denkmal des ungarischen Bildhauers *Johann von Horvay* errichtet.
Erwähnenswert ist noch, daß 1836 an *Alonzo Dwight Phillips*, einen Hersteller von Schießpulver, das erste amerikanische Patent erteilt wurde, in dem Phosphor neben Kaliumchlorat und Antimonsulfid als Zündsubstanz angegeben ist. Dieses Phosphorzündholz erhielt in den folgenden Jahren auch die Bezeichnung Loco Foco.
Im wesentlichen änderte sich die Zusammensetzung der Phosphorzündhölzer nicht. Die folgenden Rezepte zeigen allerdings, daß der Anteil des Phosphors wegen seiner Giftigkeit zurückging.

Gefährliche Eigenschaften des weißen Phosphors

Die Gefährlichkeit des weißen Phosphors – giftig und sich schon bei niedrigen Temperaturen selbst entzündend – führte bei der Her-

Tabelle 2. Zusammensetzung der Zündmasse von Phosphorzündhölzern

Stoff in %	Deutschland 1835	Deutschland 1838 bis 1840	Deutschland 1840 bis 1850	Österreich 1860
Phosphor	20,5	10,5	6,9	5,5
Schwefel	14,3	12,7	20,4	3,2
Kaliumchlorat	32,1	43,3	39,0	54,8
Kreide	8,0	12,5	–	–
Gummi arabicum	–	21,0	–	36,5
Dextrin	25,1	–	–	–

stellung, beim Transport und dem Gebrauch der Hölzer zu zahlreichen Unfällen, Erkrankungen und Bränden. Viele Zündholzarbeiter litten an einer das Gewebe und die Knochen zersetzenden Krankheit. Tödliche Vergiftungen waren zwar selten, aber das ständige Einatmen der Phosphordämpfe verursachte bei über 11 % der Arbeiter in den Zündholzfabriken, vor allem aber auch bei den Frauen und Kindern, die Zündhölzer in Heimarbeit herstellten, diese sogenannte Phosphornekrose. Die Menschen litten unter schrecklich entstellenden Knochenveränderungen, die zum Verlust des Unterkiefers, in besonders schweren Fällen sogar des Oberkiefers führen konnten.

In einem Bericht aus dieser Zeit über den Verlauf der durch weißen Phosphor verursachten Krankheit heißt es: »Sie beginnt ganz unscheinbar. Es stellt sich Zahnschmerz ein. Der Zahn wird gezogen; alles scheint gut zu sein. Aber die Schmerzen kehren zurück, das Zahnfleisch entzündet sich, es entleeren sich aus den kranken Stellen bedeutende Mengen Eiters. Alles Einschneiden, Zahnausziehen fruchtet nichts, die Backen werden geschwollen, das Zahnfleisch entfärbt sich, die Zähne wackeln, fallen oft ganz gesund aus. Es entstehen Fisteln. Aus ihnen und aus den Zahnfächern bricht Eiter hervor – ja, bald nicht mehr Eiter, sondern stinkende blutgemischte Jauche, der oft Knochenstückchen beigemengt sind. Der Knochen ist angefressen; er ragt oft ganz nackt in die Mundhöhle hinein. Zuweilen stößt die Natur selbst das Kranke ab und es kann Heilung eintreten – viel häufiger hilft nur eine Operation, durch die oft ein großer Teil des Unter- oder Oberkiefers, oft beide, ja selbst angrenzende Teile weggenommen werden müssen.«

Die Schrecklichkeit der Ausbeutung unter unmenschlichen Bedingungen wird in einem Bericht des Arztes und Historikers *Ernst Sax* in »Die Hausindustrie in Thüringen« dargestellt: »In der Zündhölzchen-Industrie auf dem Thüringer Wald ist jeder Meister sein eigener Unternehmer; er bezieht für eigene Rechnung die benötigten Rohstoffe, besorgt deren Verarbeitung und vertreibt selbständig die gefertigte Ware... Sobald die Hölzchen genügend dürre sind, werden sie geschwefelt. Der Arbeiter taucht sie bündelweise in geschmolzenen Schwefel, schleudert sie aus und treibt sie tüchtig zwischen den Händen um... In diese Phosphormasse werden die Schwefelhölzchen getunkt. Damit ist das Phosphorhölzchen fertig. Unterdes haben Frau und Kinder Papiertüten vorbereitet, in welche jetzt von den kleinsten Familienangehörigen, mitunter Kinder von 5 bis 6 Jahren, die Zündhölzchen hineingesteckt werden.«

In Finnland verbot man die Zündhölzer aus weißem Phosphor 1872, in Dänemark 1873 und in der Schweiz 1879. 1906 wurde in Bern ein internationales Abkommen zwischen verschiedenen Staaten des europäischen Kontinents getroffen, in welchem sich die vertragschließenden Partner verpflichteten, Herstellung und Vertrieb von Zündhölzern aus weißem Phosphor zu verbieten. Nach und nach traten dem Abkommen immer mehr Staaten bei, so daß diese Zündhölzer nach dem ersten Weltkrieg nicht mehr im Handel waren.

Zur Erfindung der Sicherheitszündhölzer

Ende der 40er Jahre des vorigen Jahrhunderts wurden Zündhölzer entwickelt, die keinen weißen Phosphor enthielten. Man bezeichnete sie später als Sicherheitszündhölzer. Um diese Entwicklung zu verstehen, ist ein wenig »Phosphorchemie« erforderlich. Bei Verwendung der sogenannten Feuerzeuge auf der Basis von Phosphor war gelegentlich ein Wechsel der Farbe des Phosphors von Weiß nach Rot beobachtet worden. *Berzelius* vermutete, daß es sich bei dem roten Phosphor um Phosphoroxid handele. Erst der österreichische Chemiker *Anton Schrötter* konnte in einer 1845 be-

gonnenen Untersuchung, die am 9. Dezember 1847 in der mathematisch-naturwissenschaftlichen Klasse der österreichischen Akademie der Wissenschaften vorgetragen wurde, nachweisen, daß es sich bei dem Farbwechsel des Phosphors von Weiß nach Rot um eine allotrope Umwandlung des Elementes handelt, d.h., daß Phosphor in verschiedenen festen Zustandsformen auftreten kann. Die Unterschiede der beiden Modifikationen wurden klar beschrieben und eine Methode zur Herstellung des roten Phosphors angegeben. Heute weiß man, daß der weiße Phosphor aus P_4-Molekülen besteht, in denen die Phosphoratome ein reguläres Tetraeder bilden. Der rote Phosphor ist die stabilere Modifikation und bildet sich aus der weißen bei Temperaturen um 400°C. Er ist kein einheitliches Produkt. Seine physikalischen und chemischen Eigenschaften sind von den Bedingungen abhängig, unter denen die Umwandlung stattgefunden hat; doch sind alle roten Formen im Unterschied zum weißen Phosphor ungiftig.
Übrigens wird weißer Phosphor heute in Elektroschachtöfen durch Erhitzen von Calciumphosphat mit Koks und Quarz hergestellt; die für den Prozeß erforderliche Wärmeenergie wird durch den elektrischen Strom mittels Lichtbogen geliefert:

$$2\,Ca_3(PO_4)_2 + 6\,SiO_2 + 10\,C \rightarrow 6\,CaSiO_3 + 10\,CO + P_4$$

Rudolf Christian Boettger

Der 1806 in Aschersleben geborene *Boettger* ist der Erfinder der Sicherheitszündhölzer. Er hat sich große Verdienste bei der Verbesserung der Methoden zur Feuererzeugung erworben, deshalb soll kurz sein Lebenslauf beschrieben werden.
Boettger besuchte zunächst in Aschersleben das Stephaneum, ein humanistisches Gymnasium. Später wurde er als Zögling in die »Franckeschen Stiftungen« in Halle aufgenommen. Sein Vater wünschte, daß er Theologie studiert. Aber bereits während seines Studiums in Halle besuchte *Boettger* naturwissenschaftliche Vorlesungen. Er hatte Freude am Experimentieren und kaufte sich von seinem Taschengeld Geräte und Chemikalien.
Die Theologie genügte dem naturwissenschaftlich gebildeten *Boettger* nicht mehr. Er wurde zwar für kurze Zeit Hauslehrer in der Nähe von Mühlhausen, studierte aber seit 1831 ausschließlich Naturwissenschaften in Halle und später besonders Chemie bei *Johann Wolfgang Döbereiner* in Jena. In Mühlhausen bastelte er schon am Döbereiner Feuerzeug und verbesserte es entscheidend. Wahrscheinlich hat dieses Beschäftigen mit dem Feuerzeug ihn endgültig auf den Weg der Naturwissenschaften gebracht. 1831 schrieb Professor *Schweigger* in dem von ihm herausgegebenen Journal, daß *Boettger* »nicht zu denjenigen Theologen gehört, welche aus gar großer Liebe, wie sie vorgeben, zu dem einen Buche Gottes, das andere (die Natur) vernachlässigen und fast vornehmthuend hinwegschieben.«
1835 wurde *Boettger* Lehrer und promovierte 1837. Er heiratete 1841 *Sophie Elisabeth Christiane Harpke*, die Tochter des Brauherrn, Schwarz- und Schönfärbers *Johann Andre Harpke*. Ab 1842 war *Boettger* Lehrer für Physik beim »Physikalischen Verein« zu Frankfurt/Main. Er lehrte und wirkte dort über Jahrzehnte bis zu seinem Tode 1881 und lehnte ehrenvolle Berufungen, z. B. nach Dorpat und Halle, ab. Besonders der praktischen Seite wissenschaftlicher Forschung zugeneigt, hatte *Boettger* eine Reihe nützlicher Erfindungen auf dem Gebiet der Galvanoplastik, der Vernickelung des Eisens und der Versilberung des Glases gemacht. 1846 erfand er, unabhängig von *Christian Friedrich Schönbein*, das Kollodium und die Schießbaumwolle. Am bekanntesten wurden jedoch seit 1848 seine Sicherheitszündhölzer.

Bevor wir auf die Erfindung der Sicherheitszündhölzer näher eingehen, soll noch eine Besonderheit des Wirkens von *Boettger* hervorgehoben werden. Sein Biograph *Peterson* schreibt von ihm: »So gerne *Boettger* auch experimentierte, eine feine chemische Waage hat er nur ausnahmsweise gebraucht. Wie bekannt, ein sehr geschickter Experimentator, war es seine größte Freude, wenn interessante Versuche sich recht elegant, aber einfach und schlagend demonstrieren ließen, besonders, wenn sie Licht- und Knalleffekte darboten. An explosiven Stoffen hatte er überhaupt das größte Wohlgefallen und trug immer etwas Schießbaumwolle bei sich, um sie bei irgendeiner passenden Gelegenheit verpuffen zu lassen.« *Boettger* war kein Theoretiker. »Wenn bei diesen Versammlungen der chemischen Sektion«, schreibt *Peterson* von den jährlichen Versammlungen der Deutschen Naturforscher und Ärzte, »theoretische Auseinandersetzungen und Formelreihen, auch wohl erregte Debatten lange genug gehört waren, dann kam *Boettger* zum Schluß mit reizenden Versuchen aus dem Gebiete der unterhaltsamen Chemie, und alles ging in bester Stimmung auseinander.«

Die Entstehung der Zündholzindustrie

Für die Erfindung der Sicherheitszündhölzer war die bereits 1834 von *Boettger* gemachte Entdeckung, daß sich beim Zusammenreiben von Bleidioxid und Zucker das Gemisch unter Erglühen zersetzt, von Bedeutung. Die ersten von ihm hergestellten Zündhölzer enthielten die Zündmasse an dem einen Ende des Holzes, am anderen den roten Phosphor. Beim Gebrauch zerbrach man dann das Hölzchen in zwei ungleiche Teile und setzte das längere mit der Zündmasse durch Reiben an dem roten Phosphor in Brand. Kurze Zeit später wurde der rote Phosphor bereits an der Schachtel angebracht.

Schon 1844 hatte der Schwede *Gustav Erik Pasch* ähnliche Hölzer hergestellt, die aber nicht lagerfähig waren.

Boettger verkaufte sein Patent an die Firma Fürth. Von dieser Fabrik wurden die Sicherheitszündhölzer unter der Bezeichnung »Antiphosphor« auf den Markt gebracht. Trotzdem setzten sie sich in Deutschland nicht durch. Für die technische Nutzung der neuen Erfindung im großen Stil war die wirtschaftliche Situation in dem durch die bürgerliche Revolution erschütterten Land nicht günstig. In Schweden hatte man jedoch bald ihre Bedeutung erkannt. Der schwedische König *Oskar I.* interessierte sich dafür, denn er versprach sich bei dem zu erwartenden Aufschwung in der Herstellung von Zündhölzern eine günstige Verwertung der reichen Holzbestände. Dieser Monarch förderte die naturwissenschaftliche Forschung. Er hatte bereits 1846 die Erfinder der Schießbaumwolle, Professor *Christian Friedrich Schönbein* aus Basel und Professor *R. C. Boettger*, durch Ernennung zu Rittern des Wasa-Ordens mit dem Kommandeursband geehrt. So war es verständlich, daß *Boettger* mit den Schweden Vereinbarungen zur technischen Nutzung seiner Erfindung traf. Es begann die große Zeit der schwedischen Zündholzfabrikanten. *John Edvard Lundström* wurde einer der führenden Produzenten der »schwedischen Hölzer«.

Boettger erzählte oft im Kreis seiner Schüler, er sei stolz darauf, durch seine Sicherheitszündhölzer uneigennützig dem sozialen Fortschritt der Menschheit gedient zu haben.

Die in Deutschland erfundenen Sicherheitszündhölzer eroberten sich als Schwedenhölzer die Welt. Preisgünstiger Seetransport, ein großer Waldbestand an dem für Sicherheitszündhölzer besonders geeigneten Espenholz und billige Arbeitskräfte brachten den schwedischen Fabrikanten der Zündholzindustrie Millionengewinne.

Das schwedische Zentrum der Zündholzin-

dustrie wurde der kleine Ort Jönköping. In England übernahm die Firma Bryant and May die Produktion der Sicherheitszündhölzer.
1898 hatten die Franzosen *Henri Sévène* und *Emile David Cahen* entdeckt, daß Phosphorsesquisulfid P_4S_3 in der Zündmasse die Zündhölzer ohne besondere Reibfläche überall zündbar macht. Sie verkauften ihr Patent an die amerikanische Diamond Match company. Diese Zündhölzer wurden als »strike anywhere«-Hölzchen bekannt. Sie werden noch heute in angelsächsischen Ländern verwendet.
Der Prozeß der Zündholzherstellung konnte immer mehr mechanisiert werden. Aus dem Rohholz stellte man Furnierplatten her, die dann maschinell zu Hölzchen zerschnitten wurden. Die Konstruktion von Pack-, Schachtelkleb- und Schachtelfüllmaschinen ging vor allem auf schwedische Erfindungen zurück, so daß die schwedische Zündholzindustrie dadurch einen beträchtlichen technischen Vorsprung vor den anderen Ländern hatte.
Abschließend soll noch kurz auf die Zusammensetzung der heute gebräuchlichen Zündhölzer eingegangen werden.
Die Zündmasse besteht in der Hauptsache aus Kaliumchlorat, Schwefel, Glasmehl, Eisen(III)-oxid, Mangandioxid, Kaliumdichromat und Tierleim. Die Hölzer sind meist mit Paraffin getränkt. Die folgende Tabelle enthält die Zusammensetzung und die Aufgaben der einzelnen Stoffe in der Zündmasse. Die Ziffern geben die geschätzte Rangordnung der Funktion an.
1982 wurde die Weltproduktion an Zündhölzern auf 5000 Milliarden Stück geschätzt. Dies entspricht etwa 1100 Hölzchen pro Kopf und Jahr. Im Durchschnitt verbraucht danach jeder Mensch pro Tag 3 Zündhölzer. In den einzelnen Ländern wird folgender Pro-Kopf-Verbrauch je Tag geschätzt: China 1,6, Frankreich 2,3, Großbritannien 3,6, Schweden 2,4 und UdSSR 9,4.
Durch die Einweg-Feuerzeuge ist in Europa der Verbrauch an Zündhölzern rückläufig. 1966 war der Pro-Kopf-Verbrauch 5,5, im Jahre 1982 betrug er nur noch 3 am Tag.

Vom Zündvorgang

Das Zünden ist ein komplizierter tribochemischer Vorgang, d. h., sowohl mechanische Kräfte als auch chemische Reaktionen, die sich daraus ergeben, müssen bei der Erklärung berücksichtigt werden.

Tabelle 3. Zusammensetzung der Zündmasse von Sicherheitszündhölzern

Stoff	Färbemittel	Oxydationsmittel	Brennstoff	Katalysator	Füll- und Friktionsstoff	Anteil %
Kaliumchlorat		1				50 bis 60
Schwefel			1			2 bis 7
Mangandioxid	2	3		1		2 bis 4
Eisenoxid, Fe_2O_3	2			1		0 bis 6
Kaliumdichromat		2		1		1 bis 3
Bleithiosulfat				1		0 bis 3
Glasmehl					1	15 bis 22
Kreide					1	0 bis 6
Sulfate					1	0 bis 2
Eisen(III)-oxid	1			2	3	7 bis 11
Tierleim			1			9 bis 13

Im Prinzip ist der Zündvorgang am Streichholz eine Feststoff-Feststoff-Reaktion. Aus Versuchen ist bekannt, daß vollständig trockenes Kaliumchlorat und nicht voroxydierter Phosphor spontan reagieren können. Wird nun das Zündköpfchen an der Reibfläche gerieben, so löst sich etwas Phosphor ab, und es entsteht eine kleine Menge dieser reaktionsfähigen Mischung. Gleichzeitig wird Wärme erzeugt. Außerdem wird die Reaktionsmischung einem hohen Druck beim Reiben ausgesetzt. Die Kaliumchloratkristalle und der Phosphor verändern ihre Oberfläche. Es bildet sich ein Energiezustand mit angeregten Elektronen. Durch diese Aktivierung kann das Kaliumchlorat den Phosphor oxydieren.
Vereinfacht kann die erhöhte Reaktionsfähigkeit der Zündmischung auf die Reibungswärme, den Druck und die angeregten Elektronen zurückgeführt werden.
In dem Augenblick, da die verschiedenen Wirkungen ein bestimmtes Minimum an Wärme liefern, entzündet sich das Zündholzköpfchen. Außerdem spielt die katalytische Wirkung einiger Zusätze, z. B. Kaliumdichromat, bei der Zündung eine Rolle. Ist die Verbrennung erst einmal in Gang gekommen, steigt die Temperatur über 600 °C an, das Paraffin verdampft und verbrennt mit dem Holz bei einer Temperatur von 1400 °C.

Die schwedische Zündholzindustrie Anfang des 20. Jahrhunderts

Die Produktion der Sicherheitszündhölzer erfolgte am Ende des 19. Jahrhunderts vor allem in Schweden. Von *John Edvard* und *Carl Frans Lundström* war eine große Zündholzfabrik in Jönköping gegründet worden. Diese Fabrik und drei andere, nämlich die Jönköpings-Västra, Anneberg und Westervik der Firma Trummer & Co. beherrschten den europäischen und südamerikanischen Markt, während die Uddevalla Fabrik speziell für die tropischen Länder in Mittelamerika und die Fabrik Vulcan für England, Britisch-Ostindien, die Westküste Südamerikas, Korea und China produzierte.
Im Jahre 1902 war aber die Eigenproduktion in Brasilien so weit vorangeschritten, daß man nun durch hohe Einfuhrzölle den Import der schwedischen Zündhölzer fast vollständig drosselte.
Auch noch ein anderes ungünstiges Moment wirkte sich auf die schwedische Zündholzindustrie im Jahre 1902 aus. Es war unmöglich, auch nur eine Kiste Zündhölzer nach China zu verladen, da die Japaner dort das gesamte Geschäft an sich gerissen hatten.
Durch den Ausfall dieser beiden Märkte entstand ein solcher Exportverlust, daß ein sehr harter Kampf um jeden Absatzmarkt die Folge war. Während noch um 1900 der Preis für eine Exportkiste mit 50 Gros (= 7200 Schachteln) in Chile ungefähr 70,– M betrug, einschließlich seemäßiger Verpackung in Holz- und Blechkisten – Zündhölzer galten damals noch als besonders feuergefährlich –, sank der Preis auf diesem Markt im Jahre 1902 auf 37,50 M; das entsprach nicht mehr den Kosten. So wie die Fabrikanten auf den Märkten bekämpften sich die Agenten der einzelnen Firmen in den Exporthäfen.
Deshalb veranlaßte der Inhaber der Firma Trummer & Co. 1903 die Bildung des ersten schwedischen Zündholz-Syndikates unter dem Namen »Jönköping u. Vulcan Tändsticksfabrik A. B.« mit Sitz in Jönköping. Während das Jönköping-Syndikat seine Position weiter festigen konnte und an Einfluß gewann, wurde die Lage der verbleibenden 20 kleinen schwedischen Zündholzfabriken von Jahr zu Jahr schwieriger. Die kleinen Fabriken hatten überhaupt nur eine Chance, gegen das Jönköping-Syndikat anzukommen, wenn sie erheblich unter dessen Preisen blieben. 10 bis 20 % Preisnachlaß mußten gegeben werden.

Die bedeutendste dieser kleinen Fabriken war die Kalmar u. Mönsteras Tändsticksfabrik in Kalmar, die Fabrik, welche seit langem im Besitz der Familie *Kreuger* war. Unter der Leitung von *Ivar Kreuger* schlossen sich die kleinen Fabriken zur A.B. Förenade Svenska Tändsticksfabriker zusammen.
Die Schwierigkeiten während des ersten Weltkrieges, die Mängel der Rohstoff-Versorgung und die Beschränkung der Absatzmöglichkeiten durch die Absperrung von den alten Weltmärkten bedingten eine Annäherung der beiden großen schwedischen Zündholzunternehmen. Als Folge dieser Verhandlungen entstand im Jahre 1918 die Svenska Tändsticks Aktiebolaget. Die Führung der Geschäfte ging vollständig in die Hände von *Ivar Kreuger* über. Er wurde zu einem der mächtigsten Männer der kapitalistischen Wirtschaft. Zeitlebens mied er die breite Öffentlichkeit, obwohl er einige Jahre zu den ganz Großen in der internationalen Hochfinanz zählte. Wer war dieser Mann, den man auch den »Zündholzkönig« nannte?

Ivar Kreuger

1880 im schwedischen Kalmar geboren, ging er 20jährig als Ingenieur, der kleinen väterlichen Zündholzfabrik überdrüssig, in die USA, um hier, wie viele andere, schnell reich zu werden. Als Spezialist für Stahlbauten gründete er 1907 mit einem Partner das Bauunternehmen Kreuger & Troll, das vier Jahre später in eine Aktiengesellschaft mit einem Stammkapital von 1 Mill. Kronen umgewandelt wurde. Das ganz große Geschäft machte er jedoch nach dem ersten Weltkrieg mit den Zündhölzern.
Der bescheiden wirkende Junggeselle, der sich nie als Generaldirektor, sondern stets als Ingenieur anreden ließ, wurde zu einem kapitalistischen Manager im wahrsten Sinne des Wortes. Gesetzmäßig wuchs die Sucht nach Profit um jeden Preis immer mehr. Den Preis für seinen glanzvollen Aufstieg bezahlten zunächst die kleinen Zündholzfabriken.
Durch seine kaufmännische Begabung war *Kreuger* zu einem der wichtigsten Kreditgeber vieler Staaten geworden, vor allem in Europa. Seine Geschäftsmethoden unterschieden sich jedoch deutlich von denen der zeitgenössischen Bankiers. Die Inflation hatte die meisten Kreditinstitute genötigt, für Anleihen bis zu 24% Zinsen zu verlangen. *Kreuger* konnte sich jedoch mit einem höchstens halb so hohen Zinssatz begnügen, weil die Amortisation und Verzinsung des ihm zur Verfügung gestellten Kapitals durch die Gewinne seiner Zündholz-Monopolunternehmen in den einzelnen Ländern gesichert waren. Auf diese Weise blieben die von ihm gehaltenen Schuldenverschreibungen gegen die Inflation durch eine Art »gleitender Goldwertklausel« abgesichert und brauchten nicht in dem gleichen Ausmaß abgeschrieben zu werden, wie das die Banken mit den von ihnen gehaltenen Obligationen zu tun gezwungen waren.
Kreuger erkannte, daß in den USA sich nach dem Krieg das Geld anhäufte, weil es an geeigneten Kanälen für Auslandsinvestitionen fehlte. Er »zapfte« also den amerikanischen Geldmarkt an, indem er Geld lieh und leitete den Strom des Geldes in die von ernstem Kreditmangel bedrohten Länder. Diese Finanzmanipulationen waren aber in Wirklichkeit das Werk eines großen Hasardeurs und gewandten Betrügers. Niemand wußte das in der damaligen Zeit. Geschickt täuschte er eine Finanzstärke vor, die nicht vorhanden war.
Im Jahre 1930 beherrschte *Kreuger* etwa 85% der europäischen und 75% der Weltzündholzproduktion der kapitalistischen Länder. Er hatte neben der Diamond Match Co., USA, nur noch einen Konkurrenten: die staatliche sowjetische Zündholzindustrie. In den kapitalistischen Ländern gelang es *Kreuger*, mit seiner finanziellen

Macht auf die Produktion Einfluß zu nehmen. Die sowjetische Konkurrenz konnte er jedoch nur auf ihren Exportmärkten schlagen. Das gelang ihm teilweise durch die Politik der Zündholzanleihen. Unter ungeheurem finanziellen Aufwand, etwa 387 Mill. Dollar, erkaufte sich *Kreuger* monopolsichernde Staatsverträge in den Ländern, in denen ihn die sowjetische Konkurrenz störte: in Polen, in den baltischen Ländern, in der Tschechoslowakei, in den Balkanländern und vor allem in Deutschland.

1929 bot *Kreuger* dem Deutschen Reich die Übernahme einer Anleihe von 125 Mill. Dollar an, unter der Bedingung, daß die Reichsregierung ein Monopolgesetz für Zündwaren erließe. Im Reichstag erhob man dagegen keine Einwände, weil die Anleihebedingungen günstig schienen. Am 29.1.1930 wurde das Deutsche Zündwarenmonopolgesetz erlassen. Das Zwischenhandelsmonopol wurde der DZVAG (Deutsche Zündwaren Verkaufs-Aktiengesellschaft) zur Ausübung übertragen, die mit Inkrafttreten des Gesetzes als »Deutsche Zündwaren-Monopolgesellschaft« bezeichnet wurde. Die Schweden hatten in dieser Monopolgesellschaft einen Anteil von 57%.

Der Preis für eine Schachtel »Haushaltsware« mit 50 Hölzern betrug 10 Pfennig, während für die »Welthölzer« mit 40 Hölzern bei angeblich besserer Qualität auch 10 Pfennig zu zahlen waren.

Der Staat erhob eine Zündwarensteuer, die etwa 5 Pfennig pro Schachtel betrug. Damit wurde die Anleihe zurückbezahlt. Die Bundesrepublik Deutschland hatte die Verpflichtungen aus der Anleihe von 1930 nach dem Londoner Schuldenabkommen zu übernehmen. 1983 war die Frist abgelaufen, das Zündwarenmonopolgesetz verlor seine Gültigkeit.

Kreuger starb am 12. März 1932 in einem Pariser Hotel durch eine Pistolenkugel. Ganz wurde sein Tod nie aufgeklärt. Sein Bruder behauptete, daß er ermordet wurde, andere sind der Meinung, daß er selbst seinem Leben ein Ende setzte. Tatsächlich stellte man nach seinem Tod fest, daß ein Teil der riesigen Kredite, die er gegeben hatte, durch eigenartige Finanzmanipulationen nicht gedeckt war. Nach und nach wurde klar, daß der einst als »Napoleon der Weltwirtschaft« bezeichnete *Kreuger* sein Zündholzimperium durch Betrügereien großen Formats aufgebaut hatte. In den USA standen 9 Mill. Dollar Bankschulden offen. Die schwedische Polizei ermittelte, daß die im Tresor liegenden 42 Schuldscheine der italienischen Regierung über je 100000 englische Pfund gefälscht waren. Es zeigte sich, daß der Kreuger-Konzern durch Strohmänner Stützungskäufe an eigenen Aktien hatte durchführen lassen, um günstige Kurse zu erzielen. Schließlich gestanden auch einige Direktoren, daß die Bilanzen auf Anweisung des Chefs gefälscht worden waren. Zwei internationale Finanzgruppen teilten sich das Erbe des Kreuger-Konzerns und profitierten vom Untergang ihres Konkurrenten: die französisch-englisch-US-amerikanische Lazard-Bank und die als »schwedische Rothschilds« bezeichnete Wallenberg-Gruppe.

Das »ewige« Zündholz

Das »ewige« Zündholz ist ein »Dauerbrenner« der Journalisten. So soll in den 30er Jahren unseres Jahrhunderts der österreichische Chemiker *Dr. Ringer* ein Zündholz erfunden haben, das 600mal benutzt werden konnte.

Tatsächlich gibt es eine Anzahl von Patenten, die ein mehrmals verwendbares Zündholz beschreiben. (*Joseph Ellenbogen,* Brit. Pat. 590, 036; U.S.-Pat. 2,545,076; *Benjamin Edelberg*, Austr. Pat. 120, 172.) Diese Zündhölzer sind im wesentlichen alle gleich; sie sind größer und dicker als die herkömmlichen. Der Zündkopf enthält ein langsam brennendes Gemisch, dessen wichtigster Bestandteil Metaldehyd ist. Metaldehyd ist ein Polymeres des Acetaldehyds mit folgender Strukturformel:

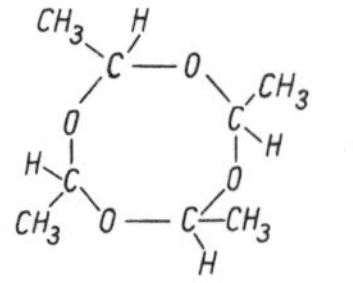

2,4,6,8 – Tetramethyl – 1,3,5,7 – tetroxocan

Es ist seit längerer Zeit als sogenannter »Trockenspiritus« bekannt.

Ein Zündholz mit Metaldehyd als Grundsubstanz unter der Zündmischung kann mehrere Male entzündet werden. Allerdings wird das Anzünden durch Verschmutzung der Oberfläche mit Verbrennungsrückständen bei mehrmaligem Verwenden immer schwieriger, so daß der 600malige Gebrauch wenig wahrscheinlich ist. Da Metaldehyd außerdem teurer als Holz und Papier ist und beim Lagern allmählich verdunstet, ist die Wirtschaftlichkeit dieser Zündhölzer von vornherein nicht gegeben. Das »ewige« Zündholz konnte in dieser Form nie zu einem ernsthaften Konkurrenten der Sicherheitszündhölzer werden.

»Eingeschlossenes Feuer
gibt große Hitze.«

Vom pneumatischen Feuerzeug zum Motor

In den 70er Jahren des 18. Jahrhunderts wurde von dem Franzosen *Du Montier* das pneumatische Feuerzeug, auch Kompressions- oder Luftfeuerzeug genannt, erfunden. Das Prinzip entspricht dem der Luftpumpe; durch Zusammendrücken wird Luft erwärmt. Bei dem pneumatischen Feuerzeug wird in einem geschlossenen Zylinder aus Metall oder Glas der gut passende Kolben rasch nach unten gedrückt, wodurch sich die Luft derart erwärmen kann, daß ein in einer Höhlung befindliches Stückchen Zunder entzündet wird und nach dem alsbaldigen Zurückziehen des Kolbens brennt.

Dieses Feuerzeug fand in den Haushalten wenig Verbreitung, da es bereits bessere Methoden der Feuerbereitung gab. Es wurde aber von bedeutenden Wissenschaftlern zur Erklärung thermodynamischer Vorgänge benutzt. Jahrelang war es auch Bestandteil der physikalischen Kabinette in den Schulen.

Der Physiker *Rudolph Julius Emanuel Clausius* war einer der Begründer der modernen Thermodynamik. Er berechnete mit Hilfe der Gleichung für die adiabatische Zustandsänderung die Temperaturen, die beim Komprimieren eines Gases auftreten. Das soll an einem Beispiel erläutert werden. Unter dem Begriff »adiabatische Zustandsänderung« versteht man Vorgänge, die ohne Wärmeaustausch mit der Umgebung ablaufen. Das ist für das pneumatische Feuerzeug insofern bedeutungsvoll, als nur durch rasches Bewegen des Kolbens ein annähernd adiabatischer Vorgang abläuft.

Beim Komprimieren eines Gases unter adiabatischen Bedingungen wird die innere Energie durch die von außen geleistete Arbeit erhöht, das Gas erwärmt sich.

Mit Hilfe der Gleichung

$$\left(\frac{V_1}{V_2}\right)^{\varkappa-1} = \frac{T_2}{T_1}$$

kann diese Erwärmung berechnet werden. V_1 und T_1 sind Volumen und Temperatur am Anfang, V_2 und T_2 am Ende des Vorganges. $\varkappa$ ist das Verhältnis der beiden molaren Wärmekapazitäten bei konstantem Druck und konstantem Volumen. (Molare Wärmekapazität – Wärmemenge, die zur Erwärmung eines Mols eines Stoffes um 1 K erforderlich ist.) Für Luft ist $\varkappa = 1{,}41$.

Damit läßt sich berechnen, auf welche Temperatur sich Luft von 20 °C erwärmt, wenn das Volumen auf den zehnten Teil komprimiert wird.

Gegeben sind: $V_2 = \frac{1}{10} V_1$; $T_1 = (273 + 20)$ K; $\varkappa = 1{,}41$

In die Gleichung für die adiabatische Zustandsänderung eingesetzt, ergibt sich für T_2:

$$T_2 = 293\ \text{K} \cdot \left(\frac{V_1}{\frac{V_1}{10}}\right)^{0,41}$$

$$T_2 = 293\ \text{K} \cdot 10^{0,41}$$

$$T_2 = 753\ \text{K}$$

Das Gas erwärmt sich also auf etwa 480 °C.

Der irische Physiker *John Tyndall* baute das pneumatische Feuerzeug für physikalische Versuche aus einem gläsernen Zylinder.

Von ihm stammt auch der Vorschlag, anstelle von Zunder ein mit Schwefelkohlenstoff getränktes Läppchen zu verwenden. Nach dem Niederdrücken des Kolbens ist dann beim Zünden ein Lichtblitz zu erkennen.
Durch das Kompressionsfeuerzeug wurde *Rudolf Diesel* angeregt, sich mit der Entzündung von brennbaren Gasen zu beschäftigen.

Die »zündende« Idee Diesels

Seit 1873 war *Diesel* Student an der mechanisch-technischen Abteilung der Industrieschule in Augsburg. Hier beeindruckte ihn 1874 die Vorführung eines pneumatischen Feuerzeuges so sehr, daß gerade dieses Experiment viele Jahre später zu einem Schlüssel für seine bedeutsame Erfindung werden sollte. *Diesel*, der im Unterschied zu dem anderen Erfinder eines Verbrennungsmotors, *Nicolaus August Otto*, vor allem von der theoretischen Betrachtung eines Problems zur entscheidenden Erkenntnis kam, wurde durch seinen Lehrer, Professor *Carl von Linde*, auf den Lehrsatz von *Sadi Carnot* aufmerksam gemacht. Danach ist bei der isothermen Zustandsänderung von Gasen, z. B. einer Druckminderung bei gleichbleibender Temperatur, die durch Verbrennung entstehende Wärme maximal in praktisch verwertbare Arbeit umwandelbar.
Diesel schrieb dazu in seinen Erinnerungen: »Damals stellte ich mir die Aufgabe! Das war noch keine Erfindung, auch nicht die Idee dazu. Der Wunsch der Verwirklichung des Carnot'schen Idealprozesses beherrschte fortan mein Dasein.«
Die erste Anregung zur Verwirklichung dieser Aufgabe bekam *Diesel* am 2. März 1888. Er hatte an einer Sitzung der Société des Ingenieur Civil in Paris teilgenommen, bei der ein Bericht über einen Apparat von Marquis *de Montgrand* gegeben wurde. Mit diesem Gerät konnte durch Verdichten von Luft Wärme erzeugt werden.
Wahrscheinlich erinnerte er sich an das in der Industrieschule in Augsburg durchgeführte Experiment mit dem pneumatischen Feuerzeug. Beide Geräte brachten ihn auf den Gedanken, durch Verdichten erhitzte Luft als arbeitendes und zugleich zündendes Mittel des Brennstoffes in dem Zylinder eines Motors zu nutzen.
In seinem Buch »Die Entstehung des Dieselmotors« heißt es dazu: »Wie nun die Grundgedanken entstanden, das Ammoniak durch wirkliches Gas, nämlich hochgespannte, hocherhitzte Luft, zu ersetzen, in solcher Luft allmählich fein verteilten Brennstoff einzuführen und sie gleichzeitig mit der Verbrennung der einzelnen Brennstoffparticel so expandieren zu lassen, daß möglichst viel von der entstehenden Wärme in äußere Wärme übergeht, daß weiß ich nicht. Aber aus dem fortwährenden Jagen nach dem angestrebten Ziel, aus der Untersuchung der Beziehungen zahlloser Möglichkeiten wurde endlich die richtige Idee ausgelöst, die mich mit namenloser Freude erfüllte ...«
Während *Otto* empirisch unter Umgehen der Verdichtung zu der Erkenntnis kam, das explosive Brennstoffgemisch durch Fremdzündung zu verbrennen, entwickelte der theoretisch geschulte *Diesel* seine Vorstellung, daß ein Motor bei der »unerhört hohen Kompression« von etwa 250 at (25 MPa) denkbar ist und das Brennstoffgemisch ohne äußere Zündung gezündet werden kann. Am 15. November 1891 schrieb *Diesel* an seine Mutter: »Ich fühle mich reif zur geplanten That. – Ich beabsichtige schon bald mit dem Resultat meiner zwölfjährigen Arbeit hervorzutreten ...«
Am 28. Februar 1892 wurde seine Erfindung als DRP 67207 patentiert; 1893 konnte der erste Dieselmotor gebaut werden.

Zum Prinzip des Dieselmotors

Im Zylinder wird durch den niedergehenden Kolben Luft angesaugt; der zurückkehrende Kolben verdichtet sie so hoch (3 bis 5 MPa), daß sie sich sehr stark erwärmt (700 bis 900 °C). In diese hochverdichtete heiße Luft wird der Kraftstoff eingespritzt, wobei er sich von selbst entzündet. Durch die Verbrennung steigt der Druck weiter an und treibt, sich entspannend, den Kolben nach unten (Arbeitshub). Beim Rückgang des Kolbens werden die verbrannten Gase ausgestoßen. Diese Arbeitsweise kann sowohl im Viertakt als auch, in etwas verändertem Ablauf, im Zweitakt erfolgen. Um eine vollkommene Verbrennung des Kraftstoffes zu erreichen, ist eine gute Gemischbildung erforderlich.

Im Sommer 1898 wurde der Motor zum ersten Mal auf der zweiten Kraft- und Arbeitsmaschinenausstellung in München der Öffentlichkeit vorgestellt; er war bereits produktionsreif.

Eugen Diesel, der Sohn des Erfinders, schrieb dazu in dem Buch über seinen Vater: »Ehe wir Kinder in die gerade eröffnete Ausstellung gehen durften, versammelte uns der Vater mit allen Anzeichen freudiger Beschwingtheit im Eßzimmer. Er war wie so oft wieder einmal in Augsburg gewesen, hatte die Industrieschule als ihr berühmt gewordener Schüler besucht und nach dem pneumatischen Feuerzeug geforscht. In der Tat fand er das Kompressionsfeuerzeug im physikalischen Kabinett der Schule und lieh es sich aus. Der Vater erklärte uns, daß Luft heiß wird, wenn man sie zusammendrückt. Wenn man sie besonders heftig zusammendrücke, dann würden sich sogar brennbare Gegenstände darin entzünden. Er setzte die Pumpe auf die Sesselkante und stieß den Kolben mit aller Wucht hinein. Zweimal mißglückte der Versuch. Aber schließlich, beim dritten Male, sahen wir, daß der Zunder in der zusammengepreßten heißen Luft ins Glühen geraten war. Diesen Zunder rot und schwelend durch die Glaswände hindurch zu erblicken, ergriff mich auf magische Weise. ›Stellt euch nun vor‹, sagte mein Vater, ›darin wäre nun etwas Benzin oder Petroleum oder Kohlenstaub gewesen, so hätte sich solcher Brennstoff entzündet, und der durch diese Verbrennung gestiegene Gasdruck – Hitze dehnt Gegenstände und natürlich auch die Luft aus – müßte den Kolben hinaustreiben. Der Dieselmotor ist nichts anderes als solch ein pneumatisches Feuerzeug, mit dem Unterschiede, daß der Brennstoff fein zerstäubt in die zusammengepreßte glühende Luft eingeblasen wird. Hierdrin entzündet er sich von selbst und leistet dann Arbeit, indem das heiße und hochgespannte Gas den Kolben vor sich herschiebt, der mit Hilfe der Kurbel das Schwungrad dreht.‹«

»Das Feuer fängt vom Funken an.«

Erste elektrisch gezündete Feuerzeuge

Im Jahre 1650 stellte *Otto v. Guericke* fest, daß beim Drehen einer Kugel aus Schwefel und Reiben derselben ein Leuchten zu beobachten war. Diese Schwefelkugel war eine Vorform der späteren Elektrisiermaschine, die *Guericke* 1671 entwickelte. Mit ihr ließen sich geringe Elektrizitätsmengen von hoher Spannung erzeugen. Stehen sich entgegengesetzte Ladungen von großer Spannung gegenüber, so kann ein plötzlicher Ladungsausgleich erfolgen, der meist mit Funkenbildung verbunden ist.

Es dauerte jedoch einige Jahrzehnte, bis diese Entdeckung technisch genutzt wurde.

Voltas Knallgaspistole

Im 18. Jahrhundert, der Zeit des Rokoko, hatte man nicht nur Gefallen an verschnörkelten Möbeln, man liebte es auch, sich »philosophisch erheitern« zu lassen. So dienten wissenschaftliche Instrumente oftmals zur Unterhaltung der Gesellschaften an fürstlichen Höfen. Ein derartiges Gerät war sicherlich die sogenannte Knallgaspistole (bombarda electrica, sclopetarium electricum).

Der schon erwähnte holländische Naturforscher *Jan Ingenhousz* schrieb über dieses Instrument: »Die Pistolen mit entzündbarer Luft, welche man mittels eines elektrischen Funkens zündete, sind eine Erfindung des Herrn *Volta*, eines Edelmannes aus Como, der die Luftlehre schon durch eine Menge unterhaltender und nützlicher Entdeckungen bereichert hat.« Dieses Gerät bestand aus einem Glasrohr, in das man Wasserstoff einbrachte. Der Wasserstoff wurde durch Einwirken von Schwefelsäure auf Eisenspäne oder Zinkstaub gewonnen. Natürlich war es in der damaligen Zeit sehr schwierig, Gase in Gefäße zu füllen. Der italienische Naturforscher *Alessandro Volta*

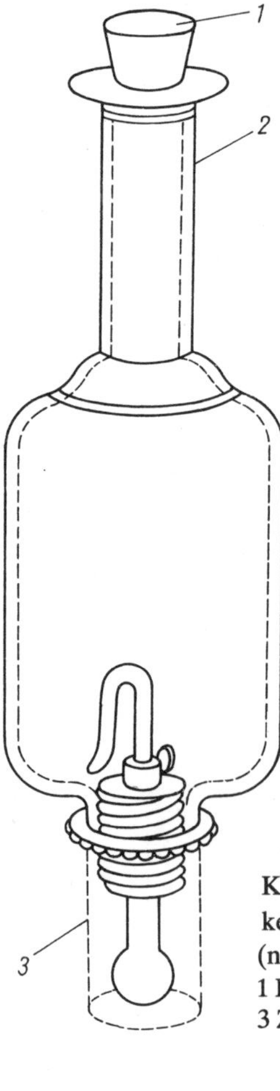

Knallgaspistole mit Zündkerze von Volta (nach Tiberius Cavallo, 1783) 1 Kork, 2 Behälter aus Glas, 3 Zündkerze

ersann dazu einen Trick. Er goß das Volumen seiner Pistole, das er mit »brennbarer« Luft, einem Wasserstoff-Luft-Gemisch, zu füllen wünschte, mit Hirsekörnern aus, brachte dann die Mündung der Pistole möglichst dicht über die Öffnung der Flasche mit dem Gas und ließ die Körner in die Gasflasche herabrieseln. Er nahm nun an, daß diese Körner ein entsprechendes Volumen Wasserstoff in die »Pistole« drängen. Danach wurde ihr Lauf verschlossen und durch Anlegen der Spannung einer Leydener Flasche an die im Glasrohr befindlichen Zünddrähte das Gas gezündet.
Die Zündung erfolgte mit einer Vorrichtung, die als Vorläufer der heutigen Zündkerzen bezeichnet werden kann. *Volta* kann deshalb auch als ihr Erfinder angesehen werden.
Solche Knallgaspistolen wurden auch später noch gern für öffentliche Galavorlesungen eingesetzt. So berichtet der Chemiker *Friedrich Wöhler* in seinen Erinnerungen an die Laboratoriumszeit bei *Berzelius*, daß dieser 1823 eine chemische Abendunterhaltung für die Königin *Desireé* von Schweden mit Knallgaspistolen gestaltete.

Fürstenberger Feuerzeug

»Für d's Feuer bedankt me' sich net, aber für die Müh.« Dieser Spruch wird in Thüringen für die gebraucht, die sich für erhaltenes Feuer, namentlich zum Tabakanbrennen, bedanken. Er sagt etwas über die Anstrengungen aus, die früher zum Erzeugen von Feuer erforderlich waren.
Schon das Voltasche Feuerzeug zeigte, daß man brennbare Gase durch elektrischen Strom entzünden kann. Während diese Knallgaspistolen aber mehr oder weniger interessante Spielereien waren, da das Erzeugen von Feuer primär nicht im Vordergrund stand, wurde von *Johannes Fürstenberger*, »einem Bürger und einsichtvollen Physiker«, ein Feuerzeug entwickelt, das eine kontinuierlich brennende Wasserstoffflamme erzeugte. *Fürstenberger* brachte 1780 Feuerzeuge auf den Markt, in denen die Wasserstoffflamme durch elektrische Funken entzündet wurde.
Die ersten Konstruktionen dieser Feuerzeuge hatten jedoch den Nachteil, daß man den Wasserstoff in einem von dem Feuerzeug getrennten Gefäß erzeugen mußte. Das umständliche Füllen des Feuerzeuges mit Wasserstoff erfolgte mit einer Blase. Man verwendete zunächst auch recht komplizierte Gasentwicklungsapparate. Erst um 1800 entstanden Konstruktionen, bei denen die Wasserstofferzeugung im Feuerzeug selbst erfolgte. Ein derartiges Feuerzeug befindet sich im Staatlichen Mathematisch-Physikalischen Salon in Dresden.

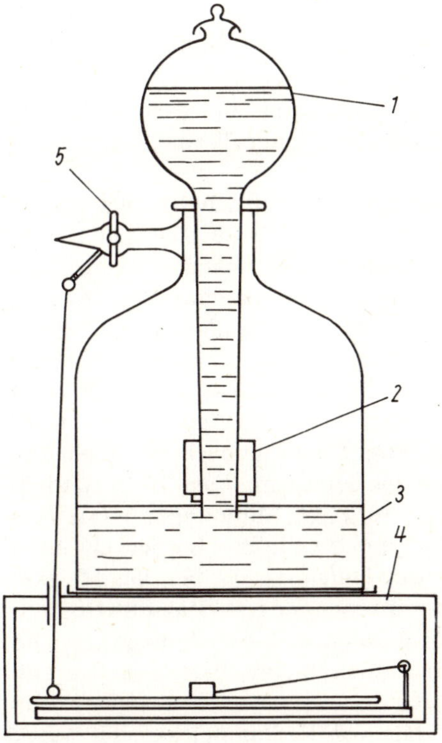

Prinzip des Fürstenberger Feuerzeuges
1 oberes Gefäß, 2 Zink, 3 unteres Gefäß mit Säure, 4 Elektrophorkasten, 5 Hahn

Die Wirkungsweise soll anhand einer Zeichnung erläutert werden. Man erkennt ohne weiteres den Gasometer, der ein Vorläufer der in chemischen Laboratorien bekannten Kippschen Apparate ist. Er enthält bei 2 einen durchbohrten und passend befestigten Zinkblock oder ein zusammengerolltes Zinkblech. Um das Feuerzeug zum Gebrauch fertig zu machen, hebt man das Gefäß 1 aus dem unteren Gefäß 3 heraus, füllt dieses bis nicht ganz an seinen oberen Rand mit einer Mischung von 12 bis 18 Teilen Wasser auf 1 Teil konzentrierte Schwefelsäure und senkt hierauf bei geschlossenem Hahn 5 das obere Gefäß in das untere. Sogleich entwickelt sich durch das Einwirken der Säure auf das Zink Wasserstoff ($Zn + H_2SO_4 \rightarrow ZnSO_4 + H_2$). Er steigt auf und drängt, da er nicht entweichen kann, die Säure in das obere Gefäß. Dieses darf nicht luftdicht verschlossen sein, damit die Luft aus ihm durch die aufsteigende Säure verdrängt werden kann.
Die Gasentwicklung und das Steigen der Säure dauern so lange, bis die Säure im unteren Gefäß unterhalb des Zinkes steht. Das obere Gefäß muß daher genügend groß sein, um die verdrängte Säure zu fassen. Zum Zünden nimmt man den sogenannten Kuchen des Elektrophor aus dem Kasten 4, peitscht ihn zum Aufladen mit einem Fuchsschwanz (oder reibt ihn mit einem wollenen Lappen) und setzt ihn wieder an seinen Ort. Nun ist der Apparat gebrauchsfertig. Dreht man nämlich den Hahn, so strömt aus der Spitze Wasserstoff. Gleichzeitig wird durch Mitbewegen von einem Messingstab der Elektrophordeckel isoliert gehoben. Durch das Reiben des Harzkuchens wird auch der gehobene Elektrophordeckel geladen, so daß ein Funken entsteht, der das ausströmende Wasserstoffgas entzündet.
Mit Hilfe von Reibungselektrizität wurde also der Funken erzeugt. Als Elektrophor bezeichnete man den Harzkuchen in einem metallenen Teller. Für seine Herstellung mußte nach einem Bericht in einem Lexikon der damaligen Zeit sehr viel Mühe aufgewendet werden. Es heißt darin: »Dasselbe besteht aus dem Kuchen, der Form und dem Deckel. Kuchen und Form heißen die Basis oder Unterscheibe. Der Kuchen besteht aus einer Platte von einer nicht leitenden harzigen Materie. Volta empfiehlt als vorzüglich brauchbar eine Mischung von drei Theilen Terpenthin, zwei Theilen Harz und einem Theil Wachs, und läßt diese einige Stunden kochen, indem er am Ende einige Mennige zur Erhöhung der Farbe einmischt. Er bediente sich auch des bloßen Gummilacks, anderer harziger Materien und des Schwefels. Das bloße Pech oder reines burgundisches Harz ist weniger brauchbar, indem es zu spröde ist. Dr. Pickel gibt eine Zusammensetzung von fünf Theilen Gummilack in Thafeln, drei Theilen reinen Mastix und zwei Theilen venetianischen Therpenthins an, welche zusammen in Leinwand gebunden in einem irdenen glasirten Geschirr bei schwachem Kohlenfeuer zerlassen, durch die Leinwand gedrückt und entweder in Formen gegossen, oder nach dem Erkalten gepulvert, aufgestreut und wieder zerlassen wird.
Abbé Robert fand als eine vorzüglich gute und die durch Reiben erregte Elektricität lange an sich haltende Masse eine Mischung aus zehn Theilen Gummilack, drei Theilen Harz, zwei Theilen Jungfernwachs, zwei Theilen venetianischen Therpenthins und einem halben Theil Pech.
Die Form oder der Teller wird gewöhnlich aus einer runden metallenen oder auch hölzernen, mit Zinnfolie überzogenen Scheibe gefertigt. Die Dicke des Harzkuchens ist mit 1½ Linien hinreichend.« (1 Linie ist ein altes Längenmaß, das $1/100$ oder $1/144$ Fuß entsprach. Je nach der Größe des Fußes war auch die Größe der Linien verschieden, z. B. die rheinische Linie = 2,180 mm, die Pariser Linie = 2,256 mm.)
Diese elektrischen Feuerzeuge bewährten sich, soweit sie präzis ausgeführt waren,

sehr gut. Sie gaben nicht den üblichen Geruch anderer chemischer Feuerzeuge der damaligen Zeit von sich und behielten auch nach einmaliger Reibung lange Zeit ihre funkengebende Kraft. Man konnte mit ihnen oftmals Zündungen durchführen. Sie wurden mehr oder weniger luxuriös in emaillierten und farbigen Gläsern hergestellt. Nachteilig waren der hohe Preis sowie die schlechte Transportfähigkeit. Außerdem war das Nachfüllen der Säure recht umständlich.

Seit 1821 baute man anstelle des Elektrophors auch kleine Elektrisiermaschinen ein.

Der Preis eines solchen Feuerzeuges, das aus Glasgefäßen bestand, wurde in einer zeitgenössischen Beschreibung mit 3 bis 3½ Louisdor angegeben. (Einem Louisdor entsprachen etwa 16,5 Mark.) Eine Maschine aus Messing mit Goldfirnis und lackiertem Fußgestell wurde mit 4 Louisdor gehandelt; eine Luxusausführung mit Silberverzierungen kostete 8 Louisdor. Es war *Johann Wolfgang Döbereiner,* ein bekannter Chemiker zur Zeit *Goethes*, der dieses Feuerzeug durch chemische Zündung entscheidend verbesserte, so daß es später in vielen Haushalten verwendet werden konnte.

Döbereiner Feuerzeug

Der alte Spruch »Die das Feuer anmachen, wärmen sich oft am wenigsten dabei«, soll den bescheidenen und uneigennützig forschenden Chemiker *Döbereiner* kennzeichnen, der 1828 in Schweiggers Jahrbuch über sein Feuerzeug folgendes schreibt: »Meine Platinfeuerzeuge werden immer beliebter. Gegen 20000 derselben sind bereits, teils in Deutschland, teils in England im Gebrauch. Wie wohlhabend wäre ich jetzt, wenn ich mit meiner Entdeckung nach England gegangen wäre, und mir dort auf technische Benutzung derselben hätte ein Patent geben lassen. Aber ich liebe die Wissenschaft mehr als das Geld, und das Bewußtsein, daß ich damit vielen mechanischen Künstlern nützlich gewesen, macht mich glücklich.«

Döbereiner hat sich sehr um die Verbesserung der bis dahin bekannten Gasfeuerzeuge verdient gemacht.

Johann Wolfgang Döbereiner

Er wurde am 13. Dezember 1780 als Sohn des Kutschers und Landarbeiters *Johann Adam Döbereiner* und dessen Frau *Johanna Susanne* in der Nähe von Hof geboren. 1794 begann er in Münchberg eine Apothekerlehre, der sich von 1797 bis 1802 Wanderjahre mit Tätigkeiten in verschiedenen Apotheken anschlossen. Nach seiner Heirat im Jahre 1803 war er in und um Hof auf pharmazeutischem und chemisch-technischem Gebiet tätig. Durch wissenschaftliche Veröffentlichungen wurde er den Chemikern seiner Zeit bekannt.

Döbereiners Entwicklungsgang war für einen Wissenschaftler der damaligen Zeit ungewöhnlich. Nach dem Tod des Chemieprofessors *J. F. A. Göttling* in Jena fragte der Herzog *Karl August* bei Professor *Adolph Ferdinand Gehlen* in München, dem Herausgeber des Journals für Chemie und Physik, nach einem geeigneten Nachfolger. Gehlen nannte *Döbereiner*, der zwar nicht schulgerecht vorgebildet sei, aber sicher der rechte Mann wäre. So wurde *Döbereiner* 1810 Professor für Chemie und übernahm 1819 eine ordentliche Professur mit 500 Talern festem Gehalt. Umfangreich waren seine chemischen Arbeiten auf den verschiedensten Gebieten: Branntweinbrennerei und Spiritusfabrikation, Zuckerproduktion aus Runkelrüben und Stärke, Sirupgewinnung, Essigsäurefabrikation, Extraktion von Stoffen unter Druck, Herstellen von Wassergas für Beleuchtungszwecke, Explosionsmotoren mit Knallgas und Platinzündung, Gewinnung von Steinkohlenteer. Über seine Versuche von »Feuergas« (Wassergas) 1816 sagte *Döbereiner*: »Hätte ich Geld, um diese Entdeckung durch Versuche weiter fortsetzen zu können, so würde ich vielleicht imstande sein, die Bereitung des Lichtgases (Leuchtgases) wohlfeiler und einfacher auszuführen, als dies von den Engländern geschehen ist.«

Auf theoretischem Gebiet seien die Triadenregel – Vorläufer des Periodensystems der Elemente – und seine Arbeiten zur Stöchiometrie genannt. Goethe hat die vielseitige Begabung *Döbereiners* oft in Anspruch genommen. Es gibt über 60 Schreiben, die zwischen beiden gewechselt wurden.

Am bekanntesten ist *Döbereiner* durch seine Arbeiten auf dem Gebiet der Katalyse mit Platin und der daraus entstandenen Zündmaschine geworden.

Schon 1812 hatte *Döbereiner* columbianisches Platinerz vom Herzog *Karl August* zur analytischen Untersuchung bekommen. Noch reicher wurde er später mit Platinerzen aus dem Ural bedacht. Die Erze stammten von der in Weimar lebenden und *Goethe* sehr zugeneigten russischen Großfürstin *Maria Pawlowna*, die seit 1804 Gattin des Erbprinzen war. Diese großzügige Frau hat *Döbereiner* auch später oft unterstützt, z. B. 1828, als sie ihm, der nach eigenen Angaben »in permanenter Dürftigkeit« lebte, Geld für das chemische Institut gab.

Bei einer Reihe von zusammenhängenden Versuchen über das Verhalten von Platin gegenüber verschiedenen Gasen fand *Döbereiner* am 27. Juli 1823, daß schwammiges Platin Wasserstoff durch bloßes Berühren in Gegenwart von Luft dazu bringt, sich mit Sauerstoff zu Wasser zu verbinden. Verwendete man statt Luft reinen Sauerstoff, so war die Reaktion noch lebhafter, und der Platinschwamm wurde so heiß, daß das Einhüllpapier verkohlte. 30mal wiederholte er am gleichen Tag den Versuch der zunächst flammenlosen Verbrennung von Wasserstoff.

Am 3. August glückte das Entflammen

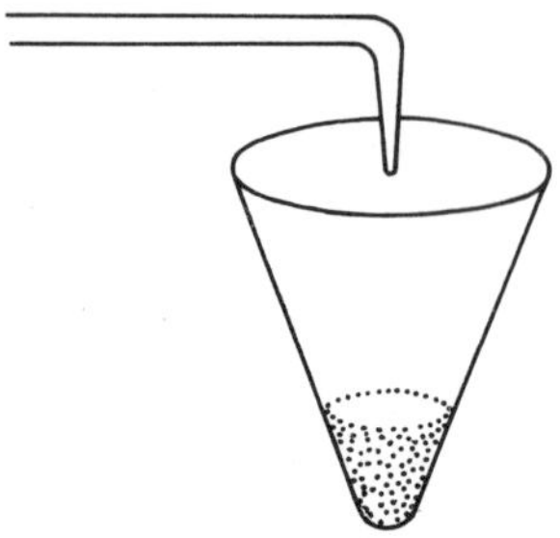

Döbereiners Versuch vom 3. August 1823 zum Entflammen eines Wasserstoff-Sauerstoff-Gemisches am Platinschwamm

eines Sauerstoff-Wasserstoff-Gemisches am Platinschwamm. Dieser wurde auf einem Uhrglas ausgebreitet oder in ein trichterförmiges Gefäß geschüttet, darauf leitete man Wasserstoff. Es bildete sich an der Oberfläche des Platins eine Wasserstoff-Flamme. »Das schwammige Pulver verhält sich gegenüber Knallgas gewissermaßen wie funkende Elektrizität.«

Über das Experiment war *Döbereiner* trotz aller vorausgehenden Beobachtungen zunächst verwundert. Er bemerkte dazu: »Dieser Versuch ist höchst überraschend und setzt jeden Beobachter in Erstaunen, wenn man ihm sagt, daß er das Resultat einer dynamischen Wechselwirkung von zwei Arten der Elementmaterie sey, wovon die eine die leichteste, die andere die schwerste derselben ist.«

Trotz aller Bescheidenheit war *Döbereiner* von der Bedeutung seiner Entdeckung so überzeugt, daß er seine Erkenntnisse verschiedenen wissenschaftlichen Zeitschriften und Persönlichkeiten mitteilte. Im September berichtete er in zwei Vorträgen in Halle vor der Gesellschaft Deutscher Naturforscher und Ärzte über seine Platinversuche. Der berühmte Professor *Christoph Schweigger* bemerkte hierauf, »daß nach einem so höchst wichtigen Vortrage kein anderer weiterer am heutigen Tage gehalten werden sollte«.

Brief Döbereiners an Goethe vom 29. Juli 1823:

Hochwohlgeborener Herr,
Gnädigster Herr Staatsminister!

Ich erlaube mir, Ew. Excellenz von einer Entdeckung Nachricht zu geben, welche, vom physikalischen und elektrochemischen Gesichtspunkte aus betrachtet, im hohen Grade wichtig erscheint. Ich finde nämlich in einer zusammenhängenden Reihe von Versuchen über das Verhalten einiger Platinpräparate (welche mich bereits zur Entdeckung mehrerer chemischer Tatsachen geführt haben) gegen verschiedene elastisch-flüssige Substanzen, daß das rein metallische staubförmige Platin die höchst merkwürdige Eigenschaft hat, das Wasserstoffgas durch bloße Berührung und ohne alle Mitwirkung äußerer Potenzen zu bestimmen, daß es sich mit Sauerstoffgas zu Wasser bindet, wobei eine bis zum Glühen des Platins gesteigerte Summe von Wärme erregt wird...
Ich freue mich auf den Augenblick, den Ew. Excellenz mir gönnen werden, Hochdenselben aufs neue die Beweise von Ehrfurcht darzubringen, mit welcher beharret

Ew. Excellenz
unterthäniger
Döbereiner

Für einen Mann mit technischem Verständnis, wie es *Döbereiner* war, lag es nahe, praktische Verwendungszwecke für seine Entdeckung zu suchen. Der Grundgedanke für eine Zündmaschine war gegeben.
Döbereiners Entdeckung erregte damals großes Aufsehen bei vielen berühmten Gelehrten. Der schwedische Chemiker *Berzelius* nannte die Entdeckung »die glänzendste der Zeit«.
In der Broschüre »Die neuesten und wichtigsten physikalisch-chemischen Entdekkungen« vom Oktober 1823 schreibt *Döbereiner*: »Es kann also jede elektrische Lampe (Feuerzeug nach *Fürstenberger*) dadurch, daß man an die Stelle des Elektrophors ein Trichterchen oder Uhrglas, welches einige Gramme schwammigen Platinstaub enthält, treten läßt, in ein Platinfeuerzeug verwandelt werden: und will man sich dazu eines auf die von mir in Gilberts Annalen der Physik 1821, Bd. 68 S. 92 angegebene Art konstruierten geräumigen Gasometers, welcher mit Wasserstoff gefüllt ist, bedienen, so kann man die ganze Vorrichtung auch als Glühlampe benutzen.«

Zur Weiterentwicklung des Feuerzeuges

Die von *Döbereiner* verschmähte wirtschaftliche Nutzung seiner Erfindung führte dazu, daß vor allem in England und Österreich das Feuerzeug weiter entwickelt und Patente erteilt wurden. Der Engländer *Garden*, der unter anderem die katalytische Entzündung von Wasserstoff mit Hilfe von Iridium-Osmium-Mischkatalysatoren entdeckt hatte, baute 1823 ein Feuerzeug, das im wesentlichen dem von *Döbereiner* entwickelten entsprach. Ein ähnliches Feuerzeug baute auch der Engländer *Adie* 1823. Dieses wurde richtungweisend für das Zylinderfeuerzeug, das später weiteste Verbreitung fand.
Eine andere Form konstruierte *Andrew Fyfe*, Lehrer der Chemie in Edinburgh. In der Beschreibung heißt es: »Das gebogene Glasrohr ABC von etwa 3 cm innerem Durchmesser ist in einem hölzernen Fuß befestigt. Der kürzere Schenkel C ist etwa 15 cm, der längere etwa 24 cm lang. Auf C sitzt, fest aufgesteckt, der Hahn D. Oben bei A ist ein messingener Ring E dicht auf das Rohr gelegt, der einen Fortsatz trägt, an dem der Platinschwamm F mit feinem Platindraht befestigt ist. Um dem Platin seine zündenden Eigenschaften zu bewahren, bedeckte man es, solange es nicht gebraucht wurde, mit der Kappe K. Zur Wasserstoffentwicklung befindet sich bei G ein Zink-

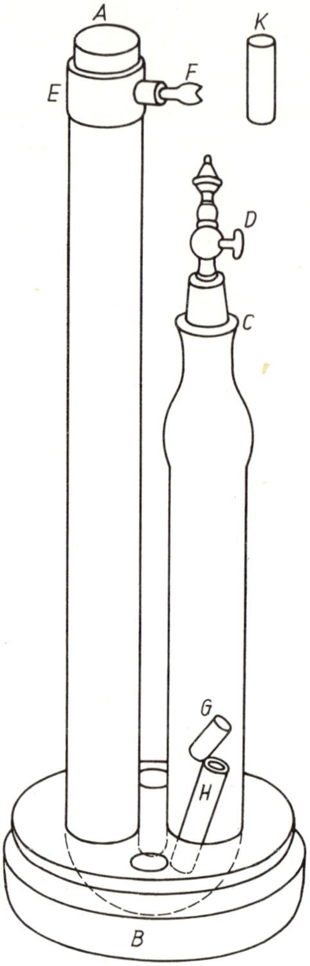

Feuerzeug von Andrew Fyfe (1823)
A B C Glasrohr, D Hahn, E Messingring, F Platinschwamm, G Zinkstück, H verdünnte Schwefelsäure, K Kappe

stück und verdünnte Schwefelsäure H im Apparat.« Ein derartiges Feuerzeug kostete in England ungefähr 10 Schilling.
Dieses Fyfesche Feuerzeug wurde von *Döbereiner* durch eine kleine Abänderung so verbessert, daß es nicht nur zur Erzeugung von Feuer, sondern auch als »Reservoir für Wasserstoffgas« verwendbar war. *Döbereiners* Reisefeuerzeug, das sogenannte portative Feuerzeug, wird von ihm selbst in den »Beiträgen zur pneumatischen Chemie« (Jena 1825) folgendermaßen beschrieben: »Ich habe die vom Hn. Fyfe beschriebene Vorrichtung ausgeführt und durch eine ganz kleine Abänderung so verbessert, daß man sich derselben auch als Wasserstoffreservoir bedienen, sie endlich auch, wenn man will, zur Construction einer chemischen Windbüchse (oder Platinpistole) benutzen kann. Mein Apparat hat zwar ganz die Form der FYFEschen Lichtmaschine, aber das Ende der oberen Glasröhre ist zugeschmolzen. Auf das offene Ende des kurzen Schenkels ist eine Messinghülse gekittet, in welche ein Hahn geschraubt werden

Reisefeuerzeug von Döbereiner (1825)

kann. Bringt man in den kurzen Schenkel meines Apparates ein Stück eines mit Gummiauflösung überfirnißten Zinkdrahts und soviel liquide Salzsäure, daß der kurze Schenkel des Apparats fast ganz damit erfüllt wird, und schraubt dann den verschlossenen Hahn auf, so drückt das Wasserstoffgas (welches sich entwickelt, wenn man das Gummi von dem Zinkdraht abgelöst hat) die saure Flüssigkeit in den entgegengesetzten längeren Schenkel, wodurch die in diesem enthaltene Luft auf ⅓ ihres Raumes zusammengepreßt und das Wasserstoffgas in gleichem Verhältnis verdichtet wird. Öffnet man jetzt den Hahn, so expandiert sich nicht allein das verdichtete Wasserstoffgas, sondern auch die zusammengepreßte Luft im langen Schenkel, und ersteres strömt daher mit großer Gewalt aus. Und schließt man nachher den Hahn wieder, so füllt sich der kurze Schenkel in der Zeit von einer Minute wieder mit (verdichtetem) Wasserstoffgas. Läßt man dieses durch ein enges Haarröhrchen, welches am oberen Theil des Hahnes befestigt ist, auf zündenden Platindraht strömen, so entflammt es hier fast augenblicklich, und weit schneller, als wenn das Gas nur durch den Druck einer Flüssigkeitssäule von 8 oder 16 Zoll Höhe ausströmt.

Mein ... Apparat hat kein Gestell, sondern hängt an einem Wandnagel: er ist so leicht und bequem, daß man ihn in einem flachen Futteral auf Reisen mit sich nehmen und bei chemischen Vorlesungen zu beinahe allen Versuchen über das Verhalten des Wasserstoffgases gebrauchen kann. Da starke Glasröhren einen Druck von 20 – 30 Atmosphären aushalten, so kann man in meinem Apparat, wenn man entweder den langen Schenkel desselben verkürzt, oder in den Apparat eine größere Menge saurer Flüssigkeit, als der Schenkel faßt, hineinbringt, das Wasserstoffgas (und die in ihm vorhandene atmosphärische Luft) beinahe stärker, als mit Hilfe einer Compressionsmaschine verdichten und es in diesem verdichteten Zustande zu mechanischen und chemischen Zwecken verwenden.«

Ein Feuerzeug dieser Art ist auch auf dem Porträt *Döbereiners* von *Schwerdgeburth* wiedergegeben.

Döbereiner stellte 1831 fest, daß nach seiner Meinung Iridium noch bessere katalytische Wirkungen zeige als Platin. Er entwickelte daraufhin ein portatives Iridiumfeuerzeug. In Schweiggers Journal von 1831 wird dieses Feuerzeug folgendermaßen beschrieben: »Dieser für den reisenden Chemiker sehr bequeme und nützliche Apparat besteht aus einer etwa ½ Zoll weiten heberförmig gebogenen Glasröhre, welche an dem einen Ende zugeschmolzen, am anderen Ende aber mit einer luftdicht aufgekitteten Messinghülse zur Aufnahme eines kleinen, bei sehr starkem Drucke noch luftdicht schließenden Hahns versehen, und durch eine verschiebbare Vorrichtung von Messing vor Zerbrechen (bei zufälligem Aus- oder Aneinanderdrücken der beiden Schenkel) geschützt ist. Der kürzere etwa 6 Zoll lange Schenkel der Röhre dient zur Aufnahme: 1. eines kleinen Zinkzylinders, welcher auf einem in der Biegung der Röhre befestigten, in seiner Achse durchbohrten Korke ruhet, und 2. der zur Entwicklung des Wasserstoffgases dienenden Salzsäure, womit fast der ganze Schenkel ausgefüllt ist. Der andere um 1 Zoll längere Schenkel, welcher während der Füllung des kürzeren Schenkels mit liquider Salzsäure mit der in ihm enthaltenen Luft gefüllt bleibt, hat die Function, die eben genannte saure Flüssigkeit in sich aufzunehmen, wenn diese durch das sich entwickelnde Wasserstoffgas (bei geschlossenem Hahn) aus dem kürzeren Schenkel verdrängt wird, und die dabei zusammengedrängt werdende Luft eingeschlossen zu erhalten, damit dieselbe beim Öffnen des Hahnes, d. h. beim Ausströmen des in gleichem Grade zusammengepreßten Wasserstoffgases durch den Hahn, die saure Flüssigkeit in den kürzeren Schenkel zurückdrücke und aufs Neue mit dem Zink in Berührung bringe. Da durch diese Berührung immer wieder die Entwicklung von Wasserstoffgas veranlaßt wird, so stellt der Apparat gewissermaßen ein sich selbst füllendes Reservoir für dieses Gas dar. Dieses Reservoir kann nun 1. als solches beim Gebrauche von Wasserstoffgas zu eudiometrischen Versuchen, und 2. als portatives Iridiumfeuerzeug gebraucht werden. Im ersten Falle schraubt man auf den Hahn die messingene Schale, füllt diese mit Wasser, setzt auf die obere Mündung des Hahns die graduirte Röhre, welche ganz oder zum Theil mit Wasserstoffgas gefüllt werden soll, und öffnet nun den Hahn ein wenig, wo dann das Gas augenblicklich ausströmt. Im zweiten Falle schraubt man auf den Hahn den kleinen Zündapparat, bestehend 1. aus einer 1½ Zoll langen und etwa 1 Linie weiten Messingröhre, in deren oberem Ende ein heberförmig gebogenes Glasröhrchen von einem sehr kleinen Öffnungsdurchmesser eingekittet ist, und 2. aus einem messingenen Behälter für den Iridium- oder Platinschwamm von der Größe eines kleinen Fingers; er ist mit einem beweglichen Henkel versehen und ruht auf dem mit Schrauben versehenen Stativchen, welches so eingerichtet ist, daß es hoch und niedrig, vor und rückwärts gestellt werden kann. Nimmt man von (dem Behälter) den Deckel weg, und öffnet dann den Hahn, so strömt das Wasserstoffgas durch diesen und die Röhren auf den in (dem Behälter) befindlichen Schwamm, wo es sogleich entflammt wird.«

Boettger, ein Schüler von *Döbereiner*, entwickelte das Feuerzeug um 1830 weiter. Er entwarf die Form, nach der das Feuerzeug bis 1880 von *Gottfried Piegler* in Schleiz fabrikmäßig hergestellt wurde.

Eine Prinzipskizze zeigt dieses Feuerzeug, das von *Döbereiner* unter dem Stichwort »Feuerzeug« in Brockhaus' »Encyklopädie der Wissenschaften und Künste« (1846) beschrieben wurde. Danach besteht das Gerät aus einem großen Glas oder Zylinder, der mit verdünnter Schwefelsäure angefüllt ist.

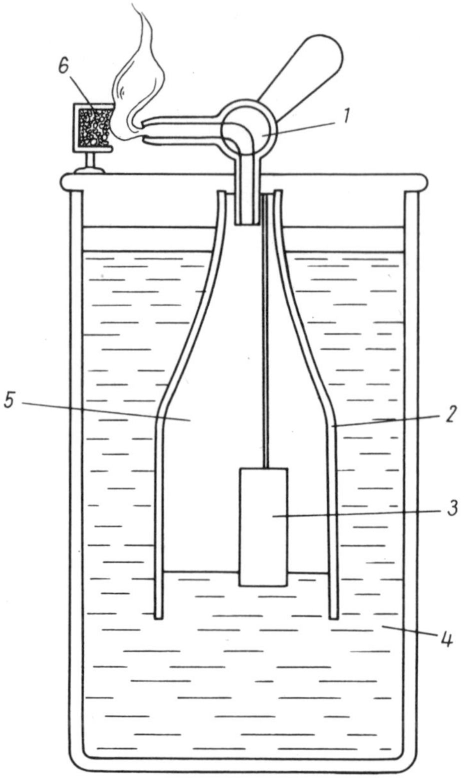

Prinzipskizze eines Döbereiner Feuerzeuges (1846; Boettger-Modell)
1 Hahn, 2 Glocke, 3 Zink, 4 Schwefelsäure, 5 Wasserstoff, 6 Platinschwamm

In der Mitte des messingnen Deckels befindet sich eine Öffnung, die oben in einen Hahn 1 und unten in eine gläserne Glocke 2 mündet. In der Glocke hängt an einem Draht ein Stück Zink 3. Auf dem Deckel ist gegenüber dem Hahn eine Halterung für den Platinschwamm angebracht. Wird der Hahn niedergedrückt, so öffnet sich das Ventil, und der aus der Reaktion des Zinks mit der Schwefelsäure 4 entstehende Wasserstoff 5 strömt auf den Platinschwamm 6 und wird dort zur Flamme entzündet.

Boettger fand 1831, daß Ammoniak die Zündkraft des Platins vernichtet. Heute bezeichnet man Ammoniak als ein Kontaktgift. Es ist interessant, wie *Boettger* zu dieser Erkenntnis kam: Eines Tages erfuhr er, daß ein Feuerzeug, welches er einem in der Nähe von Mühlhausen wohnenden Bekannten geliefert hatte, trotz des sonst sehr zuverlässig wirkenden Platinschwammes gar nicht zünden wollte. Er ging hin, um den Fall zu untersuchen, und fand das Feuerzeug in einer Stube, die über einem Pferdestall lag und in der es stark nach Ammoniak roch. *Boettger*, der diesem Umstand zuerst keine Bedeutung beimaß, brachte das Feuerzeug durch Ausglühen des Platinschwammes wieder in Gang und glaubte, nun sei alles in Ordnung. Doch schon nach einigen Stunden stellte sich heraus, daß die Zündkraft wieder verschwunden war. Er nahm das Feuerzeug mit nach Hause, wo es ganz regelmäßig arbeitete. Als er nun aber in die Nähe des Platinschwammes ein geöffnetes Fläschchen mit Ammoniak stellte, versagte das Feuerzeug seinen Dienst.

Döbereiner hat wiederholt *Goethe* über die Feuerzeug-Entwicklung Mitteilung gemacht. So übersandte er ihm ein Feuerzeug zum eigenen Gebrauch. Dazu schreibt *Goethe* in einem Brief vom 7. Oktober 1826:

»Ew. Wohlgeboren sind aus Erfahrung selbst überzeugt, daß es eine höchst angenehme Empfindung sei, wenn man eine bedeutende Entdeckung irgendeiner Naturkraft technisch alsbald zu irgendeinem nützlichen Gebrauch eingeleitet sieht, und so bin ich in dem Falle, mich Ew. Wohlgeboren immer dankbar zu erinnern, da ihr so glücklich erfundenes Feuerzeug mir täglich zur Hand steht und mir der entdeckte wichtige Versuch von so tatkräftiger Verbindung zweier Elemente, des schwersten und des leichtesten, immerfort auf eine wunderbare Weise nützlich wird. Nehmen Sie daher auch für das übersendete Heft meinen verpflichtetsten Dank und bleiben überzeugt, daß die darin ausgesprochene rühmliche Anerkennung eines vorzüglichen Mannes, der sich unwandelbar an die Geschäfte hält, denen auch ich seit vielen Jahren ergeben bin, mir nicht weniger teilnehmende Freude gewährt.

Weimar, den 7. Okt. 1826

In vorzüglicher Hochachtung
ergebenst
J. W. v. Goethe

Die gewerbliche Herstellung der Döbereiner Feuerzeuge wurde in Deutschland von der Firma Gottfried Piegler in Schleiz übernommen, die seit 1827 im Besitz des Rezeptes zur Herstellung von Platinschwamm war und sich als »älteste Fabrik und Lager von Platinafeuerzeugen, Platinatauchermaschinen, Platinschwämmchen und aller dazu gehörigen Utensilien« bezeichnete. *Piegler* bot 1830 seine Feuerzeuge auf der Leipziger Neujahrsmesse an. Die Tatsache, daß eine Gebrauchsanweisung in englischer, französischer, italienischer und deutscher Sprache erschien, läßt vermuten, daß die Feuerzeuge auch exportiert wurden. Übrigens wurden von der Firma noch bis 1880 Döbereiner Feuerzeuge vertrieben.

Feuerzeuge mit galvanischen Elementen

Luigi Galvani hatte 1780 beobachtet, daß präparierte Froschschenkel zuckten, wenn sie von zwei miteinander verbundenen Metalldrähten berührt wurden. Der Physiker *Alessandro Volta* setzte diese Versuche fort und fand, daß die Elektrizitätsquelle nicht im tierischen Körper, sondern an der Kontaktstelle der verschiedenen Metalldrähte lag. Er stellte 1793 die elektrochemische Spannungsreihe der Metalle auf und baute im Jahre 1800 ein Gerät, mit dem elektrischer Strom durch chemische Reaktionen erzeugt werden konnte. Dabei tauchten unterschiedliche Metalle in eine Elektrolytlösung, z.B. Schwefelsäure. Die zusammengesetzte Säule bestand aus mehreren Paaren von je einer Zink- und einer Kupferplatte. Jedes Paar war vom anderen durch

eine mit verdünnter Schwefelsäure getränkte Filzscheibe getrennt.
Heute weiß man, daß der elektrische Strom durch Oxydations- und Reduktionsreaktionen (Redoxreaktionen) erzeugt wird. Bei der sogenannten Voltaschen Säule wird Zink oxydiert:

$$Zn \rightarrow Zn^{2+} + 2e$$

Die durch die Schwefelsäure gebildeten Kupfer(II)-Ionen werden reduziert:

$$Cu^{2+} + 2e \rightarrow Cu$$

Zwischen Zink und Kupfer ist eine Potentialdifferenz vorhanden, so daß ein Strom fließen kann. Diese Differenz, d.h. die Spannung, kann gemessen werden, wenn Elektronen lieferndes und Elektronen aufnehmendes System räumlich getrennt sind. Solche Anordnungen bezeichnet man als galvanische Elemente. Es sind Stromquellen, in denen chemische Energie in elektrische umgewandelt wird.
Bereits 1823 beschrieb *C. F. Marschall* in seinem im »Literarischen Centralcomteir« erschienenen Buch »Anweisung zur Verfertigung aller Sorten Feuerzeuge und Feueretuis« die Verwendung galvanischer Elemente zur Feuererzeugung: »Man steckt in einen oben durchlöcherten kupfernen Fingerhut ein Zinkstäbchen, so daß es noch etwas aus dem Loch hervorragt und umwikkelt den herausragenden Teil mit einem 1 bis 2 Zoll langen, dünnen Platindraht, so daß er ½ Zoll oberhalb des Zinks als feine Spitze ausläuft. Das Zinkstäbchen feilt man dort, wo es den oberen Rand des Fingerhuts berührt, etwas an, so daß die dadurch entstehende kleine Furche dazu dienen kann, den oberen Rand desselben aufzunehmen, treibt dann den Zinkstab durch gelindes Hämmern in den Fingerhut und macht so aus Zinkstab, dem Kupfer des Fingerhuts und dem Platindraht ein zusammenhängendes Ganzes. Dann taucht man den Fingerhut in mäßig starke Salzsäure, jedoch so, daß der Platindraht heraussteht. Es entsteht Galvanismus; der Platindraht wird am oberen Ende glühend, und zwar so lange, wie der Fingerhut in der Säure bleibt. Man kann nun leicht daran Schwamm oder Schwefelfäden anzünden. Statt aus Kupfer kann der Fingerhut auch aus Gold, Silber oder Platin sein. Statt Salzsäure geht auch Schwefelsäure oder Salpetersäure. Am besten ist eine Mischung der beiden letzteren. Der Zinkstab löst sich auf und muß daher von Zeit zu Zeit erneuert werden. Auch die Säure bedarf der Erneuerung. Ein ähnlicher Effekt entsteht, wenn man eine Kupfermünze in die Säure legt und auf diese den Zinkstab stellt, der in seinem oberen Teil wiederum mit Platindraht umwickelt sein muß.«

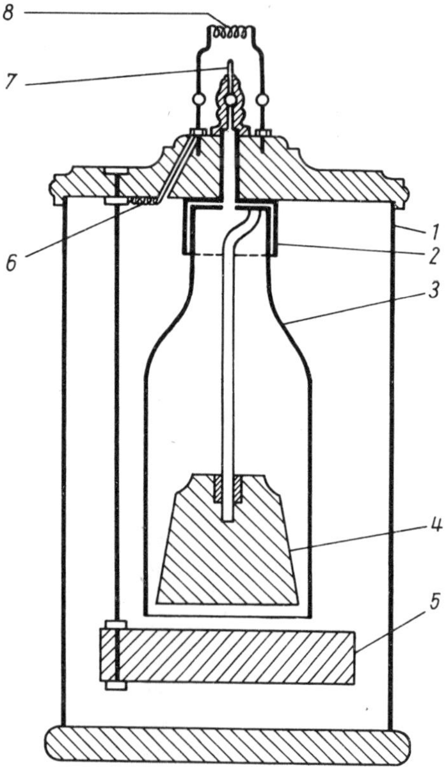

Bischofs Feuerzeug
1 Gefäß mit Schwefelsäure, 2 Metallhülse, 3 Glocke, 4 Zink, 5 Kohle, 6 Draht, 7 Ventil, 8 Platindraht

Fürstenberger Feuerzeug (um 1830) (Seite 81)

Johann Wolfgang Döbereiner (1780 bis 1849) entwickelte ein Platinfeuerzeug

Aus einem Feuerzeug nach Fürstenberger entstand ein Döbereiner Feuerzeug

Döbereiner Feuerzeug mit Einsatzteil;
aus dem Physikalischen Kabinett
des Herzogs Carl August in Weimar (um 1825)

Das sogenannte Boettger-Modell, ein verbessertes Döbereiner Feuerzeug (um 1830), aus dem Besitz Döbereiners

Ein Döbereiner Feuerzeug aus der Zeit um 1835

Der VEB Jena-Glas stellte anläßlich des 200. Geburtstages von Döbereiner diese Zündmaschine her

Zündbandfeuerzeug in Form eines altrömischen
Öllämpchens (um 1860)

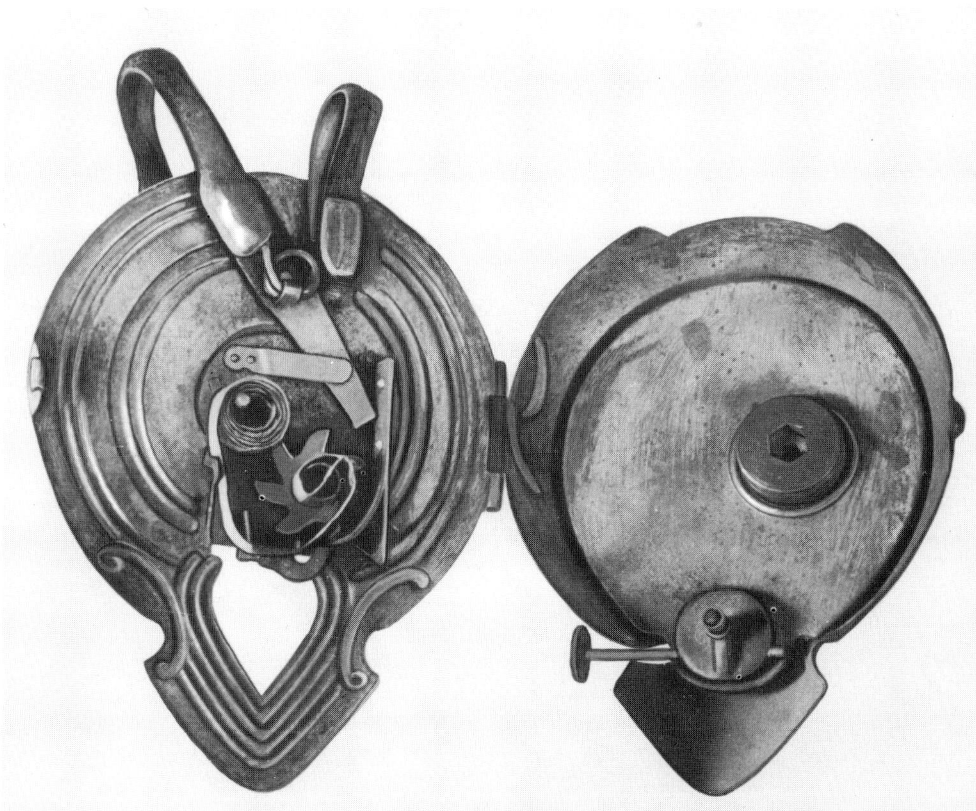

Zündbandfeuerzeug in geöffnetem Zustand

Carl Freiherr Auer von Welsbach (1858 bis 1929) erfand die Cerium-Zündsteine (Seite 90)

Original Auer-Zündsteine auf einer Verkaufstafel

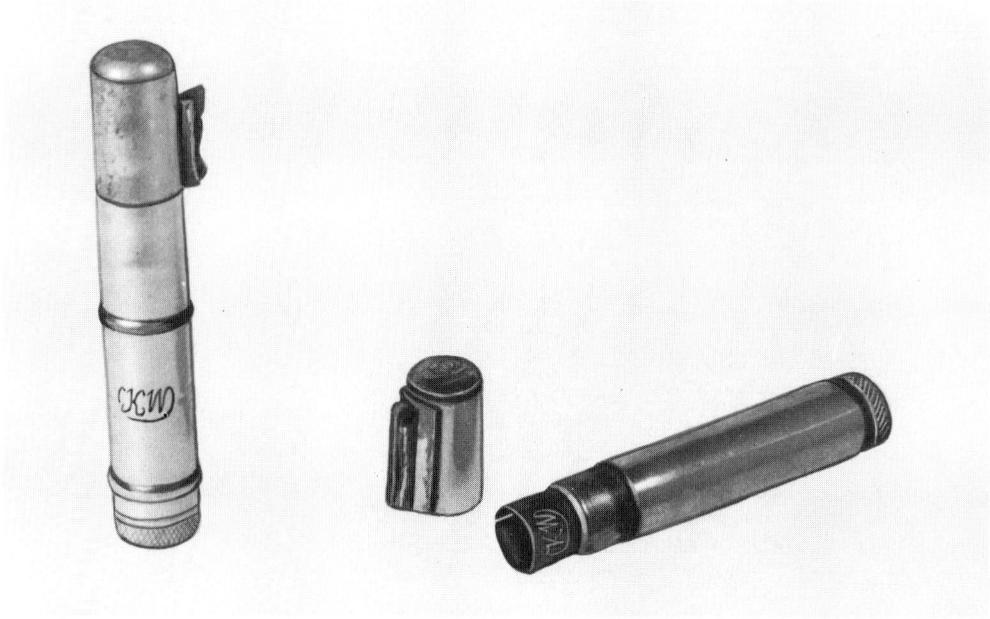

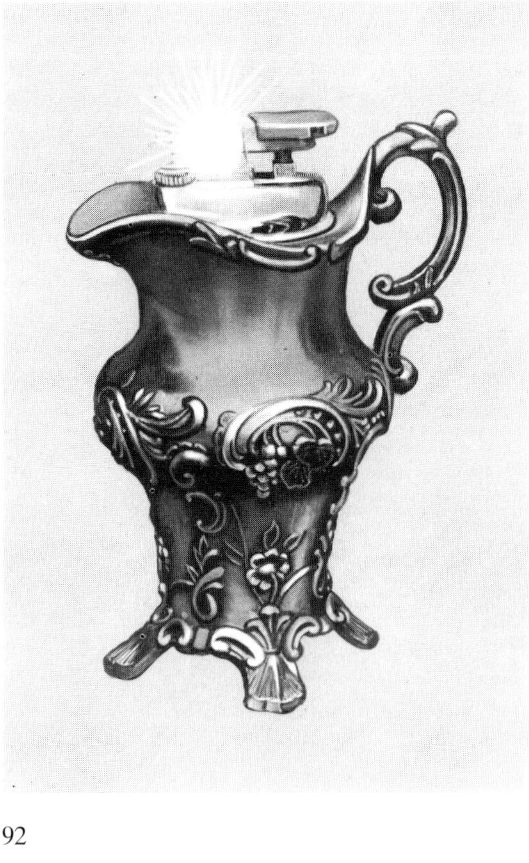

Pinkfeuerzeug mit Cerium-Zündstein (um 1907)

Funken eines Cerium-Zündsteins an einem Zinnfeuerzeug aus Japan (um 1975)

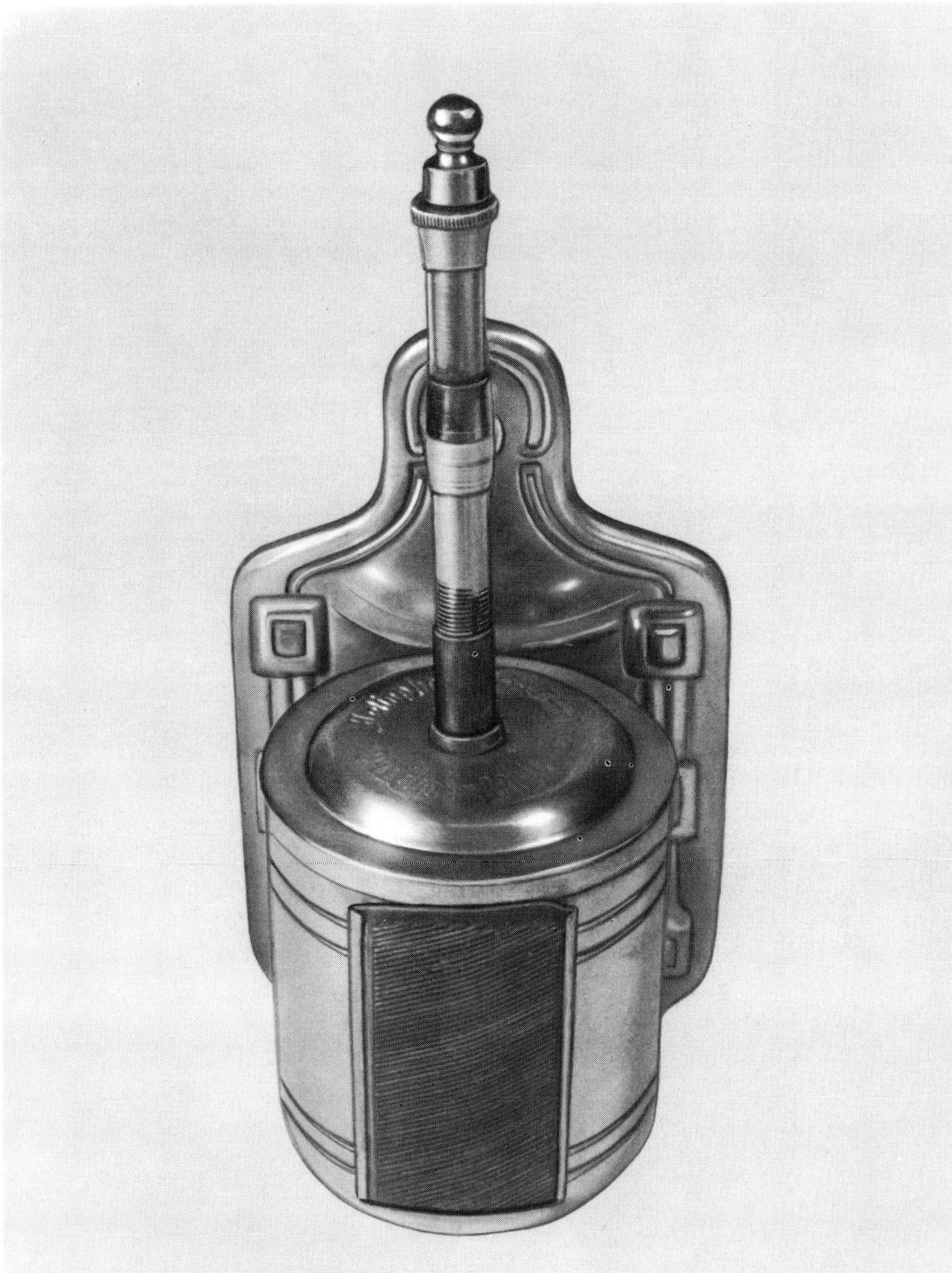

Streichfeuerzeug für den Haushalt mit Feilenhiebfläche (um 1905)

VIEL GLÜCK

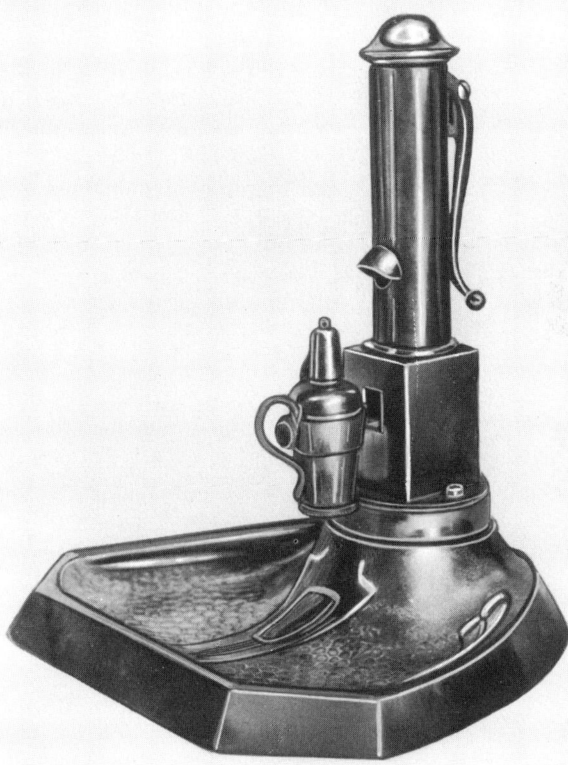

Als Wandschmuck hergestelltes Streichfeuerzeug (um 1910)

»Frackzünder« – kleines Reibfeuerzeug von 1912

Tischfeuerzeug im Jugendstil (um 1912)

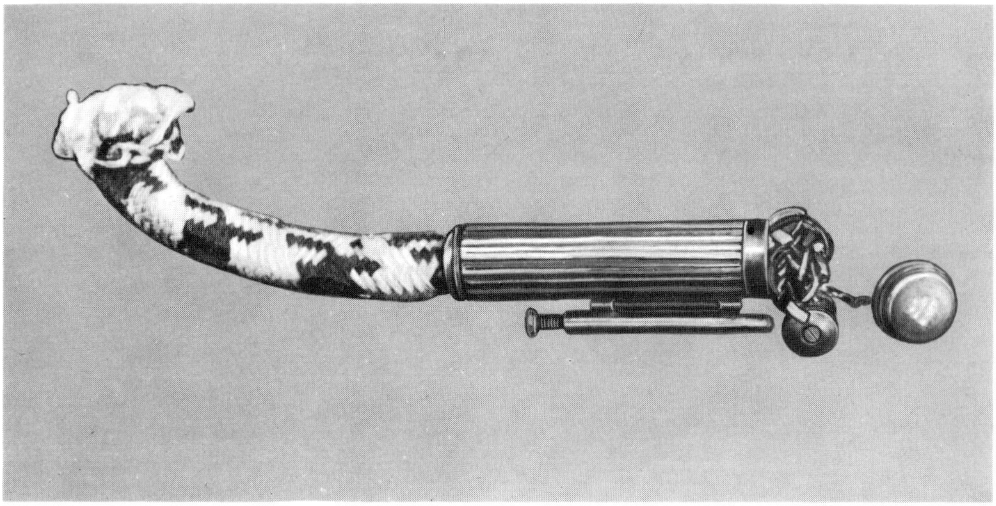

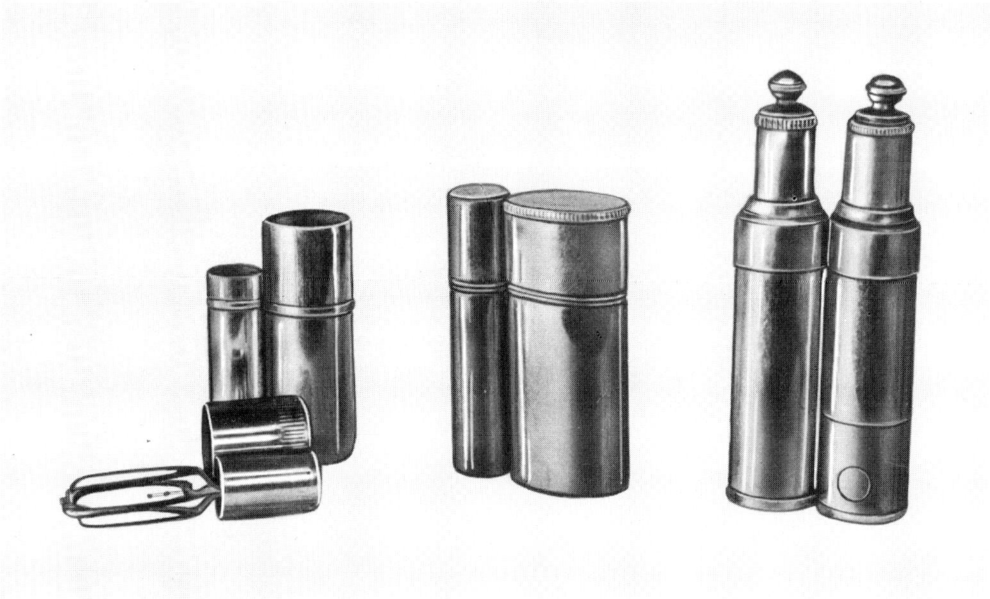

Luntenfeuerzeug mit Cerium-Zündstein

Platin-Taschenfeuerzeuge, sogenannte Adoka-Zünder (um 1910)

Bei diesem Feuerzeug handelte es sich um ein galvanisches Element, dessen Spannung den Platindraht als Widerstand zum Glühen brachte.
Eine Weiterentwicklung war das Feuerzeug von *Bischof*. Mit Hilfe eines galvanischen Elementes auf Zink/Kohle-Basis wurde Strom erzeugt, der ebenfalls einen Platindraht zum Glühen anregte und dadurch den entstehenden Wasserstoff entzündete. Dabei finden folgende Elektrodenreaktionen statt:

$Zn \rightarrow Zn^{2+} + 2e$ $\qquad$ $2H^{+} + 2e \rightarrow H_2$

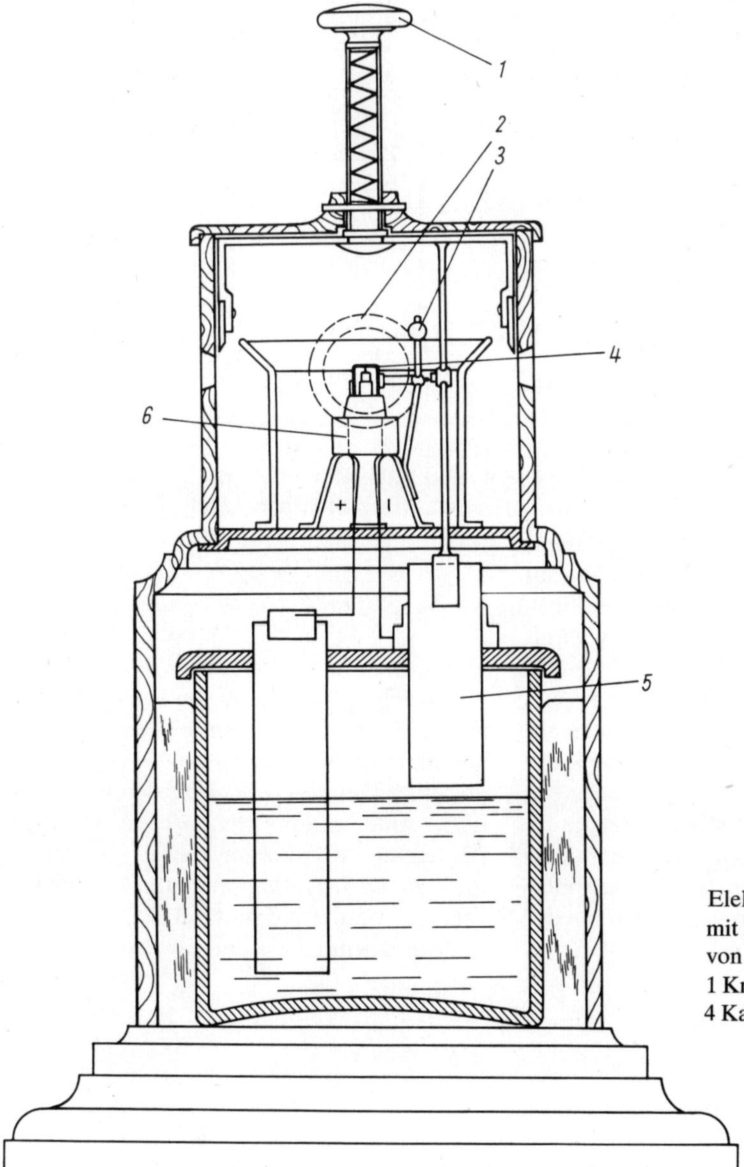

Elektrisches Feuerzeug mit Zigarrenabschneider von Alwin Delling (1890)
1 Knopf, 2 Öffnung, 3 Hebel, 4 Kappe, 5 Zink, 6 Lampe

Eine schematische Darstellung zeigt den Aufbau des Feuerzeuges. Es besteht aus einem mit verdünnter Schwefelsäure gefüllten Gefäß 1 mit Ebonit(Hartgummi)-Dekkel, einer Metallhülse 2, der Glocke 3 und dem Zinkblock 4, welcher durch eine Metallstange mit der Hülse und über ein Metallstäbchen mit dem Platindraht verbunden ist. Das Stück Kohle 5 hängt an einem Metallstab und ist durch den Draht 6 ebenfalls mit einem Metallstäbchen verbunden. Durch das geöffnete Ventil 7 strömt das Wasserstoffgas aus und entzündet sich an dem durch den elektrischen Strom glühend gewordenen Platindraht 8.

Um die Jahrhundertwende wurden Feuerzeuge mit galvanischen Elementen auch kommerziell gefertigt. Ein derartiges Feuerzeug wird in der Patentschrift Nr. 57258 des Kaiserlichen Patentamtes zu Berlin vom 4. Dezember 1890 beschrieben. Der Erfinder *Alwin Delling* hatte ein elektrisches Feuerzeug mit Zigarrenabschneider konstruiert. Dazu sollte die Zigarre mit ihrer Spitze in die Öffnung 2 gesteckt werden. Durch Drücken des Knopfes 1 wurde mit einem Messer die Zigarrenspitze abgeschnitten und der Hebel 3 betätigt, so daß die Kappe 4 vom Docht abhob. Das Zinkstück 5 tauchte in die verdünnte Schwefelsäure. Dadurch entstand Strom, der den Platindraht zum Glühen brachte, so daß sich die dem Docht der Lampe 6 entsteigenden Benzindämpfe entzündeten. Wurde der Druck auf den Knopf beendet, so gingen die Teile in die Ausgangsstellung zurück.

Alle diese Geräte waren nur Tischfeuerzeuge. Später wurde das Prinzip der Batteriezündung für Taschenfeuerzeuge wieder angewendet.

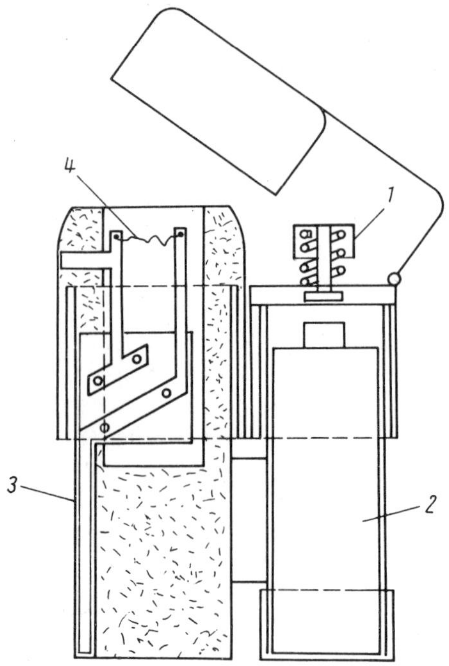

Elektrisches Taschenfeuerzeug von Fritz Deimel (1909)
1 Kontaktknopf, 2 Batterie (galvanisches Element), 3 Dochtbehälter, 4 Platindraht

1909 erhielt in der Patentschrift 220640 des Kaiserlichen Patentamtes in Berlin der Erfinder *Fritz Deimel* ein elektrisches Taschenfeuerzeug patentiert. Dieses bestand aus einer Doppelkammer für den Dochtbehälter und einem galvanischen Element (Batterie). Mit diesem wurde ein Platindraht in der Dochtkammer zum Glühen gebracht, wodurch sich der mit Brennstoff getränkte Docht entzündete.

»Man muß das Feuer holen, wo man es findet.«

Die Zündung im Otto-Motor und ihre Weiterentwicklung

Beim Diesel-Motor war das Beobachten einer Erscheinung, nämlich des Zündens eines brennbaren Stoffes im Kompressionsfeuerzeug, der Anlaß für die Entwicklung. Der Otto-Motor entstand allmählich, als Ergebnis jahrelanger Versuche.

Es wurde schon gesagt, daß die Knallgaspistole von *Volta* im 18. Jahrhundert eine beliebte Spielerei an fürstlichen Höfen war. So, wie man die Energie der Knallgasexplosion für das Abfeuern einer Kugel nutzen konnte, mußte es auch möglich sein, sie für die mechanische Arbeitsgewinnung zu verwenden. Indessen hatten alle auf diesem Gebiet gemachten Versuche keinen Erfolg, weil man Knallgas in reinem Zustand einsetzte. Der gewaltigen Verpuffung waren die mechanischen Teile der konstruierten Maschinen nicht gewachsen. Erst *Jean Etienne Lenoir* gelang es 1860, diese Nachteile zu beseitigen, indem er unter den Kolben nicht reines Knallgas, sondern ein Gemenge von Luft und Leuchtgas im Verhältnis 95 : 5 leitete.

Die Zündung des Gasgemisches erfolgte durch elektrische Funken. Dazu wurde eine Bunsensche Batterie (Zink-Kohle-Element) verwendet. Einen Pol der Batterie schloß man an den Zylinder an, vom anderen Pol wurde ein Draht durch die Wandung des Zylinders hindurchgeführt und im Inneren, oberhalb und unterhalb des Kolbens, dem Zylindermantel gegenüber angebracht. Beim Schließen des Stromkreises sprang ein Funke über, das Gas wurde gezündet.

Der technisch interessierte junge Kaufmann *Nicolaus August Otto* erhielt im Spätherbst 1860 Kenntnis von der Lenoirschen Gasmaschine, die einer liegenden doppeltwirkenden Dampfmaschine mit Schiebersteuerung ähnelte.

Mit seinem durch Heirat vermögend gewordenen Bruder *Wilhelm* begann er, mit der Lenoirschen Gasmaschine zu experimentieren. Ziel war es, durch Verwendung anderer leicht entzündlicher Dämpfe, wie Spiritus oder Petroleum, die Maschine von den städtischen Gasanstalten unabhängig zu machen. Nachdem im Januar 1861 ein Patent zunächst abgelehnt worden war und Bruder *Wilhelm* sich als kühl rechnender Kaufmann aus dem Vorhaben zurückgezogen hatte, widmete sich *Nicolaus Otto* dem einmal aufgegriffenen Problem um so energischer. Bereits im März 1861 hatte er eine Maschine konstruiert, die im Prinzip dem heutigen Motor entsprach. Viele Versuche waren erfolgt, wobei er vor allem die Mischungen von Gas und Luft sowie den Zeitpunkt der Zündung veränderte. Ansaugen, Verdichten, Verbrennen und Auspuffen wurden in einem Zylinder vorgenommen, aber durch das neu angesaugte Gemisch und das vollständige Austreiben der Abgase war die Verpuffung so heftig, daß die Explosionsstöße die Maschine in kürzester Zeit ruinierten. Das Nichtbeherrschen der »Direktwirkung« der Verbrennungsgase ließ *Otto* das Projekt des Viertaktmotors auf Jahre verschieben. Er wandte sich wieder dem Lenoir-Verbrennungsprinzip zu. Erst im Jahre 1876 konnte er den Viertaktmotor bauen. Wie er das Problem der allmählichen Explosion löste, beschrieb *Otto* folgendermaßen: »Diese Frage, wie man schwache Gemenge zünden könnte, beschäftige mich sehr oft, und eines Tages, Anfang 1876, wiederum eine Lösung suchend, beobachtete ich den Rauch, der einem Fabrikschornstein entstieg. Zunächst denselben nur anschauend, wie das hundertmal früher auch geschah, und wie es wohl viele Leute vorher taten, brachte ich dann diesen Rauch mit dem Explosionsgemisch in Verbindung. Zunächst sagte ich mir, wenn dies ein Explosionsgemisch wäre, wie würde dieses aufflammen, wie würde sich diese Flamme bis in die weiteste Ferne fortpflanzen? Mit diesem Gedanken war mir die Erfindung gegeben. Ich sagte mir, zerstreue ein Explosionsgemisch in vorher angesaugter oder im Zylinder belassener Luft, dann wird sich ein Gemisch bilden, wie dir der Rauch heute zeigt.«

Otto erkannte, daß das Gemisch eine verschiedenartige Zusammensetzung aufweisen mußte. Dabei kam der Zündung eines Benzin-Luft-Gemenges im Verhältnis 1:11 bis 1:13 eine besondere Beudeutung zu. Diese Zündung mußte an der gasreichsten Stelle, der Ansaugöffnung, leicht und sicher erfolgen, damit von dort aus die Verbrennung auf die weiter entfernteren, dünneren Gasschichten nicht zu plötzlich übertragen wurde.

Humorvoll hat das *Otto* später folgendermaßen dargestellt: »Wie muß man es verwerflicherweise anstellen, ein mit zahlreichen Stockwerken und Wohnungen ausgestattetes Haus mit den geringsten Mitteln vollständig und unrettbar in Brand zu setzen? Ich würde Sorge tragen, daß in den unteren Stockwerken des Hauses, dann in der ersten und zweiten Etage jeder Raum und jeder Winkel mit leidlich brennbaren Stoffen versehen wäre. Aber den Hausflur würde ich füllen mit Heu und mit Stroh und mit petroleumgetränkten Lappen. Um die oberen Stockwerke brauchte ich mich dann wenig zu kümmern.«

Otto kam als Autodidakt vor allem durch die Besessenheit, mit der er sich bemühte, das Wesen der Verbrennung zu ergründen, zu der Erkenntnis, daß es sich bei diesem Vorgang nicht um ein plötzliches Verbrennen des gasförmigen Brennstoffes handelte, sondern, daß dieser Prozeß stufenweise erfolgte. Er erkannte ohne die heute üblichen Hilfsmittel die Phasen der Entzündung, Fortpflanzung der Flamme und der eigentlichen Verbrennung.

In den folgenden Jahren versuchte *Otto* vor allem, die Zündung zu verbessern. Während er bei seinen ersten Probemotoren hierfür den elektrischen Funken, erzeugt mit galvanischen Elementen, genutzt hatte, wendete er sich bei der atmosphärischen Gasmaschine wieder der Gasflammenzündung zu. Das Arbeiten mit den galvanischen Elementen der damaligen Zeit war doch noch sehr von Störungen begleitet; der 1859 von *Planté* erfundene Bleiakkumulator war noch zu wenig bekannt.

Bei der Gasflammenzündung leitete man den Schieber, der das Gasgemisch verteilte, einmal oberhalb und einmal unterhalb des Kolbens vor feststehenden Gasflammen vorbei; das Gas im Kolben entzündete sich dadurch. Diese Gasflammenzündung erwies sich als unzulänglich, als man die Verdichtung steigerte. Hinzu kam, daß diese Zündung eine Explosionsgefahr für die mit flüssigem Brennstoff betriebenen Motoren darstellte. Auf dem Deutzer Übungsplatz für Soldaten beobachtete *Otto* eines Tages Pioniere, die damit beschäftigt waren, durch Drehen einer Kurbel an einem elektrischen Induktor Sprengminen zu zünden. Das war der Anlaß, eine elektromagnetische Zündvorrichtung für Motoren zu entwickeln. Das Grundprinzip dieser Zündung bestand darin, daß man einen kräftigen Hufeisenmagneten verwendete, zwischen dessen Polschuhen sich ein Anker drehte, in dessen Spule ein kräftiger Strom induziert wurde. Dadurch konnte ein Kontaktfinger von einem Gegenkontakt abgehoben werden, und es entstand im Zylinderkopf der gewünschte Zündfunken.

Diese Erfindung war für die gesamte Motortechnik von Bedeutung und wurde – da eigenartiger Weise nur in England eine Patentanmeldung erfolgte – später von *Robert Bosch* in der Automobilherstellung eingesetzt.
Heute besteht die konventionelle Spulenzündung aus Batterie, Spule, Verteiler, Unterbrecher und Zündkerzen. Durch die Primärwicklung der Spule baut sich bei geschlossenem Unterbrecher ein Magnetfeld als Speicher der Zündenergie auf. Nach Öffnung des durch Nocken betätigten Unterbrechers wird in der Sekundärspule die Hochspannung induziert, die über den Zündverteiler zur Zündkerze gelangt. Der Verteiler, der die Zündungen in den einzelnen Zylindern bewirkt, und der Unterbrecher sind eine Baueinheit, die auch eine Verstelleinheit enthält. Damit stellt sich für jede Drehzahl und jede Motorlast der jeweils günstigste Zündzeitpunkt in bezug auf Leistung, Verbrauch und auch Abgaszusammensetzung ein.
Mechanische Unterbrecher steuern bei der Transistor-Spulenzündung Halbleiterelemente als Leistungsschalter.
Die Thyristor-Zündung, das ist eine Hochspannungs-Kondensator-Zündung, speichert die Zündenergie im elektrischen Feld eines Kondensators, und ein Zündtransformator wandelt die Entladungsspannung auf die erforderliche Hochspannung um. Der besondere Vorteil dieser Zündung besteht in der weitgehenden Unempfindlichkeit gegen elektrische Nebenschlüsse.
Bei leichten Motorrädern und Wasserfahrzeugen wird eine Magnetzündung angewendet, die unabhängig von einer Batterie ist. Ein umlaufender Dauermagnet erzeugt in einer geschlossenen Wicklung Strom, aus dem ein Hochspannungsimpuls gewonnen wird. In der Zündkerze entsteht ein Funke zwischen zwei Elektroden. Dieser Funke bildet sich je nach Motortyp im Abstand von 0,3 bis 1,2 mm bei Spannungen zwischen 5000 bis 20000 V. Die Elektroden der Zündkerzen bestehen aus Mehrstofflegierungen auf Nickelgrundlage mit einem keramischen Isolator.

»Wozu ein Feuer anblasen,
das von selber brennt.«

Pyrophore und schlagempfindliche Substanzen

Das Wort pyrophor bedeutet so viel wie selbstentzündlich. Allerdings wird dieser Begriff in der Literatur unterschiedlich verwendet. Man meint manchmal damit auch Stoffe, die beim Reiben heiße Funken erzeugen.

Pyrophore Stoffe sind aber auch feinverteilte Metalle, die infolge ihrer großen Oberfläche sehr schnell mit dem Sauerstoff der Luft unter Oxydation reagieren, wobei eine hinreichende Wärmemenge entwickelt wird, um das Metallpulver (z. B. Eisen) zu entzünden oder verglimmen zu lassen.

Selbstentzündliche kohlenstoffhaltige Gemische wurden im vorigen Jahrhundert unter dem Terminus »Pyrophor« erwähnt, eine Bezeichnung, die heute fast völlig vergessen ist. Diese Stoffe sollen als Vorläufer moderner Zündwaren betrachtet werden.

Die Herstellung selbstentzündlicher Gemische im 19. Jahrhundert

Der sogenannte Hombergsche Pyrophor wurde 1830 erwähnt. Man erhielt diese Substanz durch Mischen von 3 Teilen Alaun (Kaliumaluminiumsulfat) mit 2 bis 3 Teilen Honig, Mehl oder Zucker und Erhitzen über freiem Feuer in einer Tonschale. Die nochmals getrocknete, pulvrige Masse wurde mit 4 bis 5 Teilen gebranntem Alaun und 2 Teilen Holzkohlepulver in eine sogenannte Phiole getan und bis zur Rotglut erhitzt. Das Erhitzen mußte solange fortgesetzt werden, bis kein schwärzlicher Rauch mehr zu sehen war. Danach wurde der Stoff in ein vorgewärmtes Glasgefäß gefüllt; er sollte sich beim Öffnen und Ausschütten selbst entzünden.

Döbereiner entwickelte ebenfalls einen Pyrophor. Er beschreibt die Herstellung folgendermaßen: »Der Pyrophor wird auf die Weise dargestellt, daß man ein Gemisch von einem Theile gebrannten Alaun, 1½ Theile kohlensaurem Kali und ½ bis 1 Theil Kienruß in einem Flintenlaufe ½ Stunde lang der Weißglühhitze aussetzt, und wenn sich kein Gas mehr entwickelt, die Öffnung verkorkt und nach dem Erkalten den Inhalt schnell in ein trockenes Glas füllt. Beim Gebrauche dieser Pyrophore als feuererregende Mittel schüttet man ein wenig auf eine leicht entzündliche Substanz, z. B. auf Baumwolle, wo sie fast in dem Augenblicke, in dem sie mit der Luft in Berührung kommen, Feuer fangen und dasselbe der brennbaren Substanz mittheilen. Nach längerem Aufbewahren und öfterem Gebrauche entzündet sich der Döbereiner Pyrophor erst beim schwachen Anhauchen, aber mit mehreren kleinen Explosionen. – Die Wirkung dieser Pyrophore beruht darauf, daß durch die bei ihrer Zubereitung stattfindende hohe Temperatur ein Theil des zugesetzten oder in dem Alaun enthaltenen Kali's zu Kalium reducirt wird und mit der zugesetzten oder gebildeten Kohle innigst gemengt bleibt; durch die Einwirkung der atmosphärischen Feuchtigkeit wird dieses reducirte Kalium wieder oxydirt, wobei soviel Wärme frei wird, daß die vorhandene Kohle entzündet wird, und wegen ihrer lokkeren Beschaffenheit an der Luft fortbrennt.«

Die Erklärung dieses Vorganges durch *Döbereiner* war für die damalige Zeit genial.

Die Verwendung der Begriffe Oxydieren und Reduzieren erfolgte fast im modernen Sinn.
Pyrophore Stoffe wurden auch in den folgenden Jahren hergestellt. In den 30er Jahren des 19. Jahrhunderts tauchte von dem Amerikaner *Hare* in den USA ein Pyrophor auf, den man durch trockenes Erhitzen der Eisenverbindung Preußischblau (Berliner Blau) mit Holzkohle herstellen konnte. In den USA wurde zwischen 1860 und 1870 eine Anzahl derartiger Stoffe patentiert, allerdings blieb die Anwendung gering. Ein Amerikaner namens *Roesling* erhielt ein US-Patent unter der Nummer 47,335, das einen Pyrophor zum Pfeifenanzünden beschreibt. Pottasche (K_2CO_3), Holzkohle, Alaun ($KAl(SO_4)_2 \cdot 12H_2O$) und Roggenmehl wurden danach 40 min in einem abgeschlossenen Behälter erhitzt. Der Erfinder erklärte, daß man ein wenig dieser Substanz auf den Boden der Tabakspfeife und darüber Tabak legen mußte, um dann durch Saugen den Tabak zu entzünden.
Der englische Naturwissenschaftler *Michael Faraday* beschrieb in dem kleinen Buch »Naturgeschichte einer Kerze« einen pyrophoren Stoff, nämlich fein verteiltes Blei, das sich an der Luft selbst entzündete. Es wurde durch trockenes Erhitzen von Bleitartrat (Bleisalz der Weinsäure) hergestellt. Nach Aufbrechen des Glasgefäßes demonstrierte *Faraday* seiner »jugendlichen Zuhörerschaft«, wie das Blei mit roter Flamme verbrannte.
Ähnliche pyrophore Substanzen wurden später durch trockenes Erhitzen der Blei-, Nickel- und Kobaltsalze der Oxalsäure erhalten. Zum Erzeugen von Feuer spielten diese Substanzen im täglichen Leben keine Rolle.
Einige pyrophore Mischungen eignen sich zur Demonstration der oxydierenden Wirkung bestimmter Substanzen. So reagiert Chrom(VI)-oxid unter Entzünden des zugegebenen Ethanols. Kaliumpermanganat oxydiert Zucker, wenn ein Tropfen Wasser zugegeben wird, so daß sich der Zucker durch die freiwerdende Wärme entzündet. Eine Mischung aus Zinkstaub, Ammoniumnitrat und Ammoniumchlorid reagiert ebenfalls unter Feuererscheinung, wenn man Wasser hinzufügt. Derartige Versuche sind jedoch nur unter Einhaltung der notwendigen Sicherheitsbestimmungen durchzuführen.
Über die pyrophoren Metalle, insbesondere das Cerium als Hauptbestandteil der Zündsteine moderner Feuerzeuge, wird in einem der folgenden Abschnitte berichtet.

Vom Perkussionsgewehr zum Zündbandfeuerzeug

Das Feuermachen durch Funkenerzeugen wurde auch in der Militärtechnik angewendet. Im 17. Jahrhundert waren die Steinschloßgewehre üblich, bei denen der Hahn einen Feuerstein gegen eine Stahlplatte schlug. Durch die entstehenden Funken entzündete sich das Pulver auf der Pfanne. Etwa ab 1805 begann sich das Knallquecksilber in der Militärtechnik durchzusetzen. Es wurde zunächst lose zum Zünden durch Schlag in Perkussionsgewehren (percussus – a. d. Lat., Schlag) verwendet. Der Londoner Büchsenmacher *J. Egg* führte es 1815 als Zündhütchen für Patronen ein. Knallquecksilber stellte übrigens *Johann Kunckel*, der Mitentdecker des Phosphors, zum ersten Mal her.
Dazu wird Quecksilber in Salpetersäure gelöst und mit Alkohol versetzt. Es bilden sich kristalline Flocken von Knallquecksilber, das beim Erhitzen und durch Stoß mit lautem Knall explodiert. Die chemische Zusammensetzung dieser Verbindung wurde durch die Chemiker *Justus von Liebig* und *Friedrich Wöhler* aufgeklärt. Das Knallquecksilber (Quecksilberfulminat) zerfällt explosionsartig nach folgender Gleichung:

$$Hg(ONC)_2 \rightarrow 2\ CO + N_2 + Hg$$

Liebig war bereits in jungen Jahren auf die knallsauren Verbindungen aufmerksam gemacht worden. In seinen Erinnerungen heißt es zu dem ähnlich wie das Quecksilberfulminat reagierenden Silberfulminat: »... auf dem Markte in Darmstadt sah ich einem herumziehenden Händler allerlei ab, wie er Knallsilber zu seinen Knallerbsen machte. An den rothen Dämpfen, die sich bildeten, als er sein Silber auflöste, sah ich, daß er Salpetersäure dazu nahm und dann eine Flüssigkeit, mit der er den Leuten schmutzige Rockkragen reinigte und die nach Branntwein roch...«
Später lernte man dann eine Reihe anderer schlagempfindlicher Stoffe kennen. Von den Zündhölzern war bekannt, daß Kaliumchlorat und roter Phosphor sich durch Reiben entzünden. Die Mischung Kaliumchlorat und roter Phosphor wird in der Literatur auch als Armstrong's Gemisch bezeichnet. Es ist stoßempfindlich. Trägt man dieses Gemisch in Anwesenheit eines wäßrigen Bindemittels auf Papier auf, erhält man die sogenannten Amorces, die z. B. als Spielzeug-Zündblättchen verwendet werden.
Um 1870 tauchten Feuerzeuge auf, die als Zündmittel solche Zündblättchen oder Zündhütchen auf einem sogenannten Amorce-Band enthielten. Ein kleiner Hammer entzündete durch Federkraft das Zündblättchen, wobei ein benzingetränkter Docht anbrannte. Das Zündband wurde mittels eines eigenen Mechanismus weitertransportiert.
Diese Zündbandfeuerzeuge waren durch eine Patentnummer gekennzeichnet. Sie bestanden aus Messing und waren in verschiedenen Formen als Tisch- und Taschenfeuerzeuge erhältlich. Eine Kappe diente zum Abdecken des Dochtes, um das Verdunsten des Benzins zu vermeiden. In den Rauchsalons jener Zeit muß es mächtig geknallt haben.
Das Rauchen hat die Entwicklung der Feuerzeuge seit Ende des vorigen Jahrhunderts sehr beeinflußt. Der Tabak kam zwar schon bald nach der Entdeckung Amerikas nach Europa. Aber man rauchte bis 1860 im wesentlichen nur Pfeife. Dazu hatte man Zeit. Das Anzünden und Rauchen wurde ruhig und beschaulich durchgeführt. Mit dem Aufkommen der Zigarren und besonders der Zigaretten mußte das »Anstecken« schnell erfolgen.

Die Entwicklung der Feuersteine aus Cerium

Feuer und Licht sind eng mit den Leistungen des österreichischen Chemikers *Carl Freiherr Auer v. Welsbach* verbunden. Das Gasglühlicht, die technische Darstellung der Elemente der Seltenen Erden, die Erfindung des pyrophoren Cerium-Mischmetalls und die Verbesserung der Metallfadenlampe sind einige seiner bedeutenden Leistungen.

Carl Auer v. Welsbach

Er wurde am 1. September 1858 in Wien geboren. Von 1877 bis 1880 studierte er an der Technischen Hochschule in Wien bei Professor *Bauer* Chemie. *Bauer* war Assistent bei *Schrötter* gewesen, der den amorphen Phosphor entdeckt und damit die Grundlage für die Entwicklung der späteren Zündholzindustrie geschaffen hatte. Es ist überliefert, daß *Bauer* seine Vorlesungen immer dem modernsten Stand der Wissenschaft anpaßte, und so hat er sicherlich von den aufsehenerregenden Entdeckungen der Seltenen Erden durch *Pierre Lecoq de Boisbaudran*, *Per Teodor Cleve* und *Johann Gadolin* berichtet. (Als Seltene Erden bezeichnete man die Oxide des Scandiums, Yttriums, Lanthans und der auf das Lanthan folgenden Elemente mit den Ordnungszahlen 58 bis 71.) Auch erfuhr *Auer*

hier sicherlich etwas über die elektrolytische Darstellung verschiedener Metalle, u. a. der Seltenen Erden durch *Robert Wilhelm Bunsen*.
Auer faßte daraufhin den Entschluß, sein Studium bei *Bunsen*, der mit *Gustav Robert Kirchhoff* auch die Spektralanalyse entdeckt hatte, in Heidelberg fortzusetzen. Aus dieser Zeit ist bekannt, daß sein Lehrer *Bunsen* sich lebhaft für den jungen Wiener interessierte und seine wissenschaftliche Entwicklung förderte.
Nach der Promotion zum Doktor der Philosophie an der Universität in Heidelberg im Jahre 1882 ging *Auer* nach Wien zurück. 1883 erschien seine erste wissenschaftliche Arbeit, »Über die seltenen Erden des Gadolinets von Ytterby«, die er bereits bei *Bunsen* begonnen hatte.
Im Jahre 1884 meldete er seine erste Erfindung, die sogenannte »Brückenlicht-Lampe«, zum Patent an. Durch eine Anzahl von rotierenden Kohle-Elektroden, die mit Metallsalzen imprägniert waren, wurden elektrische Funken oder kleine Lichtbogen erzeugt, durch deren Summierung eine große Helligkeit erreicht werden sollte. Diese Erfindung wurde zwar nie angewendet, doch auf dem Gebiet der Lichterzeugung forschte *Auer* unermüdlich weiter. Schließlich kam er auf den Gedanken, daß die Verbesserung der Lichterzeugung in der Verwendung von hellaufleuchtenden Oxiden mancher Metalle in der Bunsenbrennerflamme zu suchen wäre. Bekanntlich wird das Leuchten der Gasflamme durch weißglühende Rußteilchen hervorgerufen. Wird der Kohlenstoff des Gases, der vor allem auf Ethylen C_2H_4 und Methan CH_4 zurückzuführen ist, durch reichliche Luftzufuhr vollständig verbrannt und damit die Rußabscheidung vermieden, wie dies im Gebläse und im Bunsenbrenner geschieht, dann besteht die Flamme nur aus glühenden Gasen, deren Lichtaussendung so gering ist, daß sie nicht als ein Leuchten bezeichnet werden kann.
Es wird berichtet, daß *Auer* die Entdeckung des Gasglühlichtes einem Zufall zu verdanken hatte. Er soll bei Arbeiten mit den Seltenen Erden, von denen er nur geringe Mengen besaß, einmal durch Unachtsamkeit eine Fraktion verschüttet haben. Um das damals noch sehr kostbare Material nicht verloren zu geben, wischte er es mit einem Tuch sorgfältig auf. Zur Wiedergewinnung des Lanthans veraschte er es, wobei ihm auffiel, daß das nach dem Verglühen zurückbleibende Lanthanoxid genau die Form des Gewebes beibehalten hatte und außerdem die zurückbleibende Asche stark aufleuchtete.
In seiner ersten Patentanmeldung auf »Neuartige Leuchtkörper für Incadescenz-Gasbrenner, genannt Aktionophor« vom 18. September 1885 gibt *Auer* als optimale Zusammensetzung des Glühkörpers 60 % Magnesia, 20 % Lanthanoxid und 20 % Yttriumoxid an.
Damit war das Gasglühlicht erfunden. Er errichtete zusammen mit einem anderen österreichischen Chemiker 1887 eine Fabrik, in der Gas-Glühstrümpfe auf Lanthan-Cerium-Basis hergestellt wurden. 1889 endete diese Produktion mit einem Mißerfolg. *Auer* forschte jedoch unverdrossen weiter und entwickelte 1890 einen neuen Gasglühstrumpf, der aus 99 % Thorium und 1 % Cerium bestand. Als Gewebe wurde ein Material auf der Basis von Ramiefasern, einer ostasiatischen Faserpflanze, verwendet. Diese Erfindung eines neuen Gasglühstrumpfes führte zur großen Verbreitung des Gaslichtes. Der Kohlenfadenlampe *Thomas Alva Edinsons* war durch das Gasglühlicht eine sehr starke Konkurrenz erwachsen.
Auer beschäftigte sich aber weiter mit der Beleuchtungstechnik und erkannte, daß die Zukunft auf dem Gebiet der elektrischen Beleuchtung liegen würde. Er erfand 1898 die Metallfadenlampe. Dafür verwendete er das Element Osmium als Glühwendel; später wurde es durch Wolfram ersetzt.

Auer v. Welsbach stellte die Metalle der Seltenen Erden, vor allem Cerium, durch Schmelzflußelektrolyse der Chloride her und war ständig bemüht, das Einsatzgebiet zu vergrößern. Man wußte, daß Cerium leicht oxydierbar und entzündlich ist, aber verwertbar schien es nicht zu sein.

Auer setzte bei der Herstellung des Ceriums Eisenelektroden ein, an denen sich das seltene Metall abschied. Es wurde überliefert, daß er ein an dem Eisendraht hängendes Ceriumklümpchen angefeilt hat. Dabei beobachtete er, wie die nahe am Eisen liegenden und offenbar mit ihm legierten Metallschichten besonders lebhaft Funken sprühten; er habe daraus geschlossen, daß Eisen ein wesentlicher Bestandteil dieses pyrophoren Metalls sein müsse. *Auer v. Welsbach* verwendete den Terminus pyrophor für das Funkensprühen. Versuche mit verschiedenen Legierungen ergaben dann als günstigste Zusammensetzung eine Legierung von 70 % Cerium mit 30 % Eisen. Im wesentlichen ist das auch heute noch die Zusammensetzung der Zündsteine.

Weiterhin entdeckte *Auer*, daß man mit den Funken dieser Legierung sehr leicht einen mit Benzin getränkten Docht entzünden konnte. So wurde das moderne Cerium-Feuerzeug entwickelt, dessen erstes Modell der Erfinder selber herstellte.

Auer v. Welsbach meldete 1903 seine pyrophoren Metallegierungen zum Patent an. Er prophezeite bereits damals seinen Chemikern in den Treibacher Chemischen Werken, daß einst das Ceriumeisen so wie Zündhölzer in jedem kleinen Kaufmannsladen gehandelt würde. Angesichts der Alleinherrschaft der Zündhölzer war das eine gewagte Prognose, und doch sollte er recht behalten.

Er wollte das pyrophore Metall für alle möglichen Zündzwecke verwenden: für Feuerzeuge und Gaszünder, als Zünder für Fahrrad-, Automobil- und Grubenlampen, zur Geschoß- und Minenzündung. Sogar einen Motor wollte er mit Cerium-Eisen-Zündung konstruieren. Nachdem in seinen Werken anfänglich drei verschiedene Legierungen für die Zündsteine hergestellt wurden, setzte sich schließlich eine Legierung durch. Sie bestand, wie bereits erwähnt, aus 30 % Eisen und 70 % Ceriummischmetall. Als Auermetall I bezeichnet, war sie in der ganzen Welt bekannt.

Bevor die technische Darstellung dieser Legierung beschrieben wird, sollen noch kurz weitere Entdeckungen des großen Chemikers genannt werden.

Auer fand das Element mit der Ordnungszahl 71, für das er den Namen Cassiopeium vorschlug. Später wurde dieses Element nach einem langen Prioritätsstreit zwischen ihm und dem französischen Chemiker *Urbain* von der Internationalen Atomgewichtskommission als Lutetium bezeichnet.

Auf Anregung von *Auer* wurden von seinen Mitarbeitern in bewundernswerter Selbstlosigkeit 10000 kg Uraniumpechblende in den Atzgersdorfer Fabrikräumen zu reinem Radium-Barium-Chlorid verarbeitet. Der Chemiker *Hönigschmidt,* bekannt für seine exakten Bestimmungen der relativen Atommassen, konnte aus diesem Präparat durch fraktionierte Kristallisation reinstes Radiumchlorid herstellen und damit erstmals eine exakte Atommassenbestimmung des Radiums durchführen.

Im Jahre 1921 vermutete *Auer*, daß das Element mit der Ordnungszahl 61 in den Mineralien der Seltenen Erden nur in so geringer Konzentration vorhanden sein kann, daß es nicht nachweisbar wäre. Er sollte recht behalten. Das Element fand man erst 1945 unter den Spaltprodukten des Uraniums. Der Name Promethium wurde nach der griechischen Sagengestalt Prometheus gewählt, der den Göttern das Feuer gestohlen hatte.

Auer v. Welsbach, dessen Zündsteine heute noch angewendet werden, starb im Jahre 1929.

Die technische Herstellung der Cerium-Zündsteine

Cerium ist ein Metall der Seltenen Erden oder, wie man heute sagt, der Lanthanoiden. Diese Metalle sind chemisch und physikalisch sehr ähnlich. Das hängt mit der Anordnung der Elektronen in den Atomen zusammen. Sie unterscheiden sich im Prinzip nur durch die drittäußere »Elektronenschale«.

Wirtschaftlich verwertbare Erze sind z. B. Monazit und Bastnäsit. In diesen Erzen kommen die Metalle Lanthan, Cerium, Praseodymium, Neodymium, Samarium und Europium mit dem Cerium als Hauptbestandteil vor. Man stellt technisch ein Mischmetall her, das auch als Ceriummischmetall bezeichnet wird. Dazu muß das Erz, insbesondere der Monazitsand, zunächst aufgeschlossen werden, um die für die Schmelzflußelektrolyse erforderlichen Chloride zu erhalten.

Zunächst behandelt man nach dem sogenannten Naßaufschluß den Monazitsand mit Natronlauge. Die erhaltenen Hydroxide werden in Salzsäure gelöst; es bilden sich kristallwasserhaltige Chloride, die bei höheren Temperaturen schonend entwässert werden müssen, um die Bildung von Oxidchloriden zu vermeiden. Je nach Verfahren arbeitet man zwischen 170 und 600°C. Diese Metallchloride ($MeCl_3$) werden in Schmelztiegeln aus Eisen und Graphit geschmolzen sowie mit Kohleanoden und Eisenkatoden elektrolysiert. Formal spielen sich dabei folgende Reaktionen ab:

$$MeCl_3 \xrightarrow{\text{Schmelze}} Me^{3+} + 3\,Cl^-$$

$$\text{Katode: } Me^{3+} + 3e \rightarrow Me$$

$$\text{Anode: } 3\,Cl^- \rightarrow \tfrac{3}{2}\,Cl_2$$

Das bei der Elektrolyse entstehende Chlor wird abgeführt. Je nach Rohstoff erhält man ein Mischmetall etwa folgender Zusammensetzung: 50 bis 60 % Cerium, 25 bis 30 % Lanthan, 4 bis 6 % Praseodymium, 10 bis 15 % Neodymium, 1 % Samarium sowie 1 bis 4 % übrige Metalle der Lanthanoiden. Dieses Ceriummischmetall wird mit anderen Metallen, vor allem Eisen, in Tonerde-Graphit-Tiegeln unter einer vor Luftoxydation schützenden Deckschicht bei Temperaturen von 1000 bis 1200°C geschmolzen. Die Legierung hat dann etwa folgende Zusammensetzung: 12 bis 28 % Eisen, 1 bis 5 % Magnesium,, 0 bis 3 % Zink, 0 bis 5 % Kupfer, 0 bis 1 % Aluminium sowie als Hauptbestandteil das Ceriummischmetall.

Die Zündmetall-Legierung wird in vorgeheizten gußeisernen Kokillen zu Gußblökken vergossen. Bei Temperaturen von 400 bis 500°C und Preßdrücken von 400 MPa werden Zündsteinstränge von 2 bis 6 mm Durchmesser hergestellt und anschließend auf die gewünschten Längen geschnitten. Eine nachträgliche Wärmebehandlung der durch Strangpressen erhaltenen Zündsteine bei 350°C bringt eine Verbesserung des pyrophoren Verhaltens. Vor Korrosion können die Zündsteine durch Einbrennlakkierungen geschützt werden.

Pyrophore Eigenschaften des Ceriums

Diese Erscheinung ist auf ein bestimmtes Gefüge und auf besondere chemische Eigenschaften des Ceriums zurückzuführen. Unter Gefüge versteht man die Zusammensetzung und Anordnung der Kristalle eines Werkstoffes. Beim Cerium-Zündstein besteht es primär aus harten spröden Kristallen der Zusammensetzung Ce_2Fe_{17}, die mit einem Saum von $CeFe_2$ umgeben sind. Eingebettet sind diese interkristallinen Verbindungen in ein Grundgerüst aus Cerium.

Der Zündstein hat eine sehr hohe Verbrennungswärme. (Man versteht unter Verbrennungwärme die Wärmemenge, die beim Verbrennen einer bestimmten Menge des Stoffes frei wird.) Außerdem entzündet

sich das Cerium schon bei 150 bis 200°C. Durch mechanisches Reiben werden in den intermetallischen Verbindungen des Zündsteins Risse erzeugt, die zum Herausbrechen kleiner Teilchen führen.
Die Reibungswärme erhitzt die Teilchen bis zur Entzündungstemperatur des Ceriums, und es verbrennt zunächst die Ceriumhülle, aber durch die frei werdende Verbrennungswärme entzündet sich das gesamte Teilchen. Es werden Temperaturen um 2000°C erreicht.
Noch leichter entzünden sich übrigens pyrophore Metalle wie Uranium und Zirconium. Zirconiumpulver kann sich bereits nach dem Wägen auf einem Stück Papier selbst entzünden.

Feuerzeuge mit Cerium-Zündsteinen

Eigentlich änderte sich die Methode des Feuermachens auch mit der Verwendung der Cerium-Zündsteine nicht. Es wurden weiterhin Funken erzeugt, die aber so heiß sind, daß sie brennbare Flüssigkeiten wie Alkohol, Benzen (Benzol) und Benzin leicht entzünden können. Wenn man also die Erfindung des Cerium-Zündsteins durch *Auer v. Welsbach* als entscheidende Verbesserung des Feuermachens betrachtet, darf nicht vergessen werden, daß erst durch die Entwicklung der organischen Chemie, besonders durch die um die Jahrhundertwende aufkommende Erdölverarbeitung, leicht brennbare Flüssigkeiten preiswert und in genügender Menge zur Verfügung standen.

Pinkfeuerzeuge mit Cerium-Zündsteinen

Anfangs wurde mit den Cerium-Zündsteinen noch »gepinkt«. Dazu wurde der in einer handlichen Fassung befindliche Feuerstein gegen eine Stahlkante in der Nähe eines benzingetränkten Dochtes geschlagen.

Streichfeuerzeuge mit Cerium-Zündsteinen

Bei diesem Feuerzeug wurde der in einem Halterohr verstellbar befestigte Cerium-Zündstein, der mit einem benzingetränkten Docht umgeben war, über eine gehärtete Feilenhiebfläche geführt. Diese Methode war bereits wesentlich bequemer als das Pinken mit Cerium-Zündsteinen.
Zur gleichen Zeit wurde auch noch eine andere Form der Streichfeuerzeuge entwickelt. Der Cerium-Zündstein war an der Außenseite des Benzinbehälters angebracht. Mit einem schräg angeschliffenen Stahlröhrchen, in dem erstmals ein benzingetränkter Docht untergebracht war, strich man über den 20 bis 30 mm langen Cerium-Zündstein. Diese Feuerzeuge wurden vorwiegend in Mini-Buch-Form gefertigt. Sie waren mit einer Öse versehen und konnten an einer Uhrkette zum Frack getragen werden. Im Volksmund hießen sie deshalb auch »Frackzünder«. Sie waren recht dekorativ und bestanden oft aus silbernen Gehäusen mit Emaille-Einlagen.
Nach dem Spruch, daß in jedem Mann ein Kind steckt, das spielen möchte, erhielten diese Streichfeuerzeuge – und sie dienten ja vor allem den Männern als Utensilien zum Rauchen – kuriose Formen, wie Mini-Geigen, Rotationsspielwürfel u.a. Vor allem aber bei Tischfeuerzeugen begann damals die Verspieltheit der Dekorgestaltung. Es gab auch Streich-Feuerzeuge, die als Wandschmuck für die »gute Stube« des Bürgers hergestellt wurden.

Reibrad-Feuerzeuge

Eine technische Neuerung bei der Zündsteinproduktion führte zur Veränderung der Feuerzeuge. Seit 1910 konnten die Cerium-Zündsteine in kleineren Abmessungen, als es bis zu dieser Zeit möglich war, produziert werden. International wurde der Cerium-Feuerstein 5 mm lang mit einem Durchmesser von 2,6 mm für Feuerzeuge üblich. Das führte zur Ablösung der Streich- durch die Stahlradfeuerzeuge. Das Reiben des kleinen Cerium-Zündsteines erfolgte mit einem geriffelten Rädchen, durch dessen Drehen Cerium-Eisenspäne abgespalten wurden. Die Form des Feuerzeuges mußte dazu nicht vergrößert werden. Durch ihre niedrige Entzündungstemperatur verbrennen diese Späne mit dem Sauerstoff der Luft in einem Funkenkegel, wobei der Brennstoff entzündet wird. Nach dem zweiten Weltkrieg wurden die Reibräder durch Walzen angetrieben, später lösten die verschiedensten Mechanismen für die Reibrotation einander ab. Heutzutage werden die Zündsteine mit einem Durchmesser von 2,2 mm für Feuerzeuge hergestellt. Für Gasanzünder betragen die Abmessungen 3,0 mm × 20 mm oder 3,0 mm × 10 mm, manchmal auch 2,6 mm × 20 mm. Das Korrodieren der Zündsteine wird durch einen Schutzlack verhindert.

Luntenfeuerzeuge mit Cerium-Zündsteinen

Dieses Feuerzeug besteht aus einer Metallhülse, in der eine mit Salpeter (Kaliumnitrat, KNO_3) imprägnierte Baumwollunte steckt. Die Lunte wird durch die Funken, die beim Drehen des Stahlrädchens am Zündstein entstehen, zum Glimmen gebracht. Die Glut reicht, um Zigaretten oder Tabak in Pfeifen anzuzünden. Feuerzeuge dieser Art waren und sind vor allem bei Seeleuten äußerst beliebt, denn je mehr der Wind bläst, desto kräftiger glimmt die Lunte. Ein anderer Vorteil ist, daß kein flüssiger oder gasförmiger Brennstoff benötigt wird. Aus diesem Grund wird das Feuerzeug in Japan auch in der heutigen Zeit produziert. Dabei hat man die alte Form des Feuerzeuges übernommen. Die »Elgersburger Feuerzeugfabrik« (»VEB Kombinat Metallgeräte, Werk Elgersburg«) produzierte ebenfalls bis vor wenigen Jahren Luntenfeuerzeuge.

Benzinfeuerzeuge mit Cerium-Zündsteinen

Ein dicht schließender metallischer Behälter, in dem sich die mit Benzin getränkte Watte befindet, sowie ein Docht, der aus dem Behälter herausragt und der von dem durch Reiben des Rädchens am Cerium-Zündstein entstehenden Funken entzündet werden kann, das ist im wesentlichen der Aufbau eines Benzinfeuerzeuges. Die Einfachheit der Herstellung führte in Notjahren, vor allem nach den Weltkriegen, zum Selbstbau solcher Feuerzeuge, z. B. aus leeren Patronenhülsen.
Dieses Feuerzeug erlangte im Laufe der Zeit aber auch eine Konstruktion, die es zu einem befriedigenden und funktionssicheren Gegenstand machte. Der Zündmechanismus wurde verbessert. Man schuf neben den herkömmlichen Modellen »halbautomatische« und »vollautomatische« Zündmaschinen. Weitere Verbesserungen waren eher ästhetischer als funktioneller Natur.
Bei einer halbautomatischen Zündung wurde die Kappe des Feuerzeuges durch das Betätigen des Rädchens gehoben. Zum Verlöschen mußte die Kappe mit der Hand geschlossen werden. Als typisches Beispiel hierfür ist die »1000-Zünder«-Mechanik anzusehen. Bei vollautomatischer Zündung löste sich durch Knopfdruck eine blattfederartige Mitnehmersperre. Der aufspringende Deckel brachte das Reibrad zur Rotation, gleichzeitig wurde der Docht angezündet. Wurde der Hebel losgelassen, schloß sich der Deckel. Beispiele waren das IMCO-Triplex-Feuerzeug und die verschiedensten »Pistolenmodelle«.
Um die selbsttätige Auslösung bei Druck zu verhindern, verwendeten einige Hersteller ein Doppelknopfsystem. Beispiele hierfür sind die Verriegelung im »Original 1000-Zünder« sowie auch das Zigarettenetui mit eingebautem Feuerzeug, bei welchem nach Entnahme der Zigarette und Schließen des Etuis das Feuerzeug durch einen Sperrenauslöser gezündet wird.

Durch Verbinden des Zündrades mit einer Walze braucht der Benutzer des Feuerzeuges das Zündrädchen nicht zu berühren. Vor der Einführung dieser Verbesserung bekam man durch das Drehen des Rädchens oft einen schmutzigen Daumen, denn Ruß- und Staubteilchen waren am Rädchen immer vorhanden. Produzenten und Knobler ließen sich daher die unterschiedlichsten mechanischen Spielereien einfallen, um das Zündrädchen zur Rotation zu bringen. Ein Feuerzeug hat z. B. die Form eines Dakkels. Durch Druck auf den Schwanz wird eine Sperre am Kopf freigegeben, so daß der federnd gelagerte Kopf nach hinten schnellen kann. Ein mit der Kopfbewegung rotierendes Zahnsegment treibt ein mit dem Reibrad gekoppeltes Zahnrad an; der Zündstein wird gerieben. In Sammlungen sind die verschiedensten Arten solcher Konstruktionen zu sehen. Im Laufe der Zeit wurden sie im Material und in der Gestaltung immer luxuriöser und damit oft auch zum Status-Symbol ihres Besitzers.

In den 50er Jahren kamen die Volltank-Feuerzeuge auf den Markt. In ihnen wird das Benzin in einem dichten Tank ohne Watte gespeichert. Der Docht endet über einer kleinen Pumpe, die beim Öffnen des Verschlusses etwas Benzin freisetzt.

»Wer dem Feuer am nächsten ist, wärmt sich am besten.«

Zündhölzer, Feuerzeuge und Steuergesetzgebung

In den 70er Jahren des 19. Jahrhunderts hatten einige europäische Staaten erkannt, daß durch die maschinelle Fertigung die Zündhölzer zum Massenbedarfsartikel wurden und somit eine günstige Steuereinnahmequelle boten. So ließ sich der Gesetzgeber im damaligen Deutschen Reich bereits am 4. September 1871 ein Gesetz zur Besteuerung der chemischen Zündhölzer einfallen.

Nach dem Verbot der Zündhölzer aus weißem Phosphor wurde 1909 die Zündholzsteuer erhöht. Die kaiserliche Regierung brauchte Geld zur Finanzierung ihres Rüstungsprogrammes.

Diese Steuern waren aber sehr unpopulär. Zündhölzer wurden in jedem Haushalt gebraucht, so daß sich jeder durch diese Maßnahme betroffen fühlte. Zum ersten Mal wurde die Öffentlichkeit veranlaßt, sich mit den Zündhölzern zu beschäftigen. Sind Steuern an sich schon unbeliebt, so abweisend wie die Zündholzsteuer ist selten eine beim Publikum aufgenommen worden. Einerseits fand die Entrüstung ihren Ausdruck in einer sinnlosen Vorversorgung an Zündhölzern bei Einführung der Steuer, andererseits aber auch in einem zunehmenden Übergang zu dem von der Steuer frei gebliebenen, damals gerade auf dem Markt erschienenen Feuerzeug mit Cerium-Zündsteinen.

Selbst treue Staatsdiener, wie manche Beamte, hatten Schwierigkeiten, ihre patriotische Gesinnung mit der Erhöhung der Steuern in Übereinstimmung zu bringen. So kann man in der Zeitschrift »Kosmos« im Jahrgang 1909 folgendes lesen: »Kaum

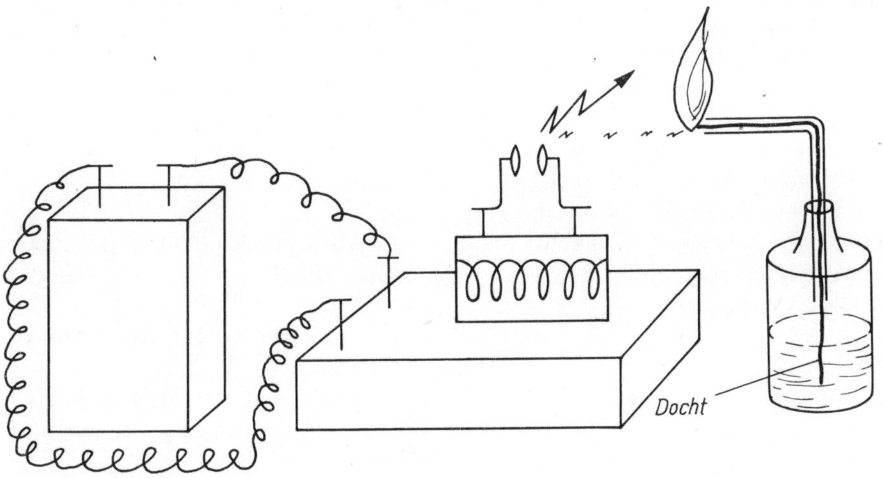

Feuerzeugkonstruktion aus dem Jahre 1909 mit Akkumulator, Funkeninduktor und Benzinflasche

hat uns der Reichstag die Zündholzsteuer beschert, da wird auch schon der Markt mit ›Feuerzeugen‹ überschwemmt, die ›billigen‹ Ersatz für die verteuerten Schweden (Schwedenzündhölzer) bieten sollen. Vom patriotischen Standpunkte aus ist das Bestreben, die Zündholzsteuer zu umgehen, nicht gerade zu loben... Doch niemand zahlt gern Steuern... Deshalb greift mancher wieder nach dem Feuerzeug.«

Das Rad der Technikgeschichte ließ sich nicht zurückdrehen. Das erwähnte Feuerzeug war sicherlich ein altes Pinkfeuerzeug, ein wirklich nur noch historisches Requisit. Der Verfasser des Artikels, ein Physiklehrer, schlug ein neues, »leicht zu bauendes, praktisches« Feuerzeug vor. Man benötigte dazu einen Akkumulator, einen Funkeninduktor und ein Benzinfläschchen. Dieses Feuerzeug setzte sich jedoch nicht durch, es war zu kompliziert.

Die Steuer, die sich aus Zündhölzern »herausziehen ließ«, war an der Summe der Gesamtbedürfnisse des Staates gemessen, gering. Der Staat nahm bis 1914 etwa 20 Millionen Mark pro Jahr durch die Zündholzsteuer ein. Sie entsprach etwa dem 1½fachen des von den Herstellern geplanten Verkaufspreises.

Während in Deutschland vor dem ersten Weltkrieg die Feuerzeuge nicht besteuert wurden, war das in Frankreich anders. Im Zündwarengesetz vom 28. Dezember 1910 heißt es dort: »Feuerzeuge sind Objekte mit künstlicher Zündung zum Entfachen von Feuer durch Reibung oder solche, die mit anderen Mitteln eine Brennbarkeit erzeugen.«

Dabei versteuerte man »metallische Feuerzeuge« nach zwei Kategorien:

Modell A (unter 10 cm)
 2 Franc für Apparate aus Eisen,
 5 Franc für Apparate aus Silber,
20 Franc für Apparate aus Gold oder Platin.

Modell B (über 10 cm)
 5 Franc für Apparate aus Eisen,
10 Franc für Apparate aus Silber,
40 Franc für Apparate aus Gold oder Platin.

Für diese beiden Kategorien, so wollte es das Gesetz, mußten vom jeweiligen Hersteller gesonderte, gesetzmäßig vorgegebene, metallische Steuermarken angelötet werden. Für das Modell A waren rechteckige, für das Modell B ovale Marken vorgesehen. Die Finanzverwaltung hatte die Steuermarken mit dem Kopf der »Minerva mit Helm« versehen lassen. (Minerva war die Göttin der Weisheit und der Künste.)

Nach dem ersten Weltkrieg wurden auch in Deutschland die Feuerzeuge besteuert. Es heißt dazu im Reichsgesetzblatt Nr. 180 vom 10. September 1919:

»Zündwaren im Sinne des Gesetzes sind:
... 3.) Feuerzeuge für Anzündezwecke, auch wenn sie, um gebrauchsfähig zu werden, mit Zündmetall, Docht oder ähnlichen Teilen versehen werden müssen.
4.) Zündsteine und Zündschienen aus Zereisen oder anderem Zündmetall.«

Weiter heißt es in dem Gesetz:

»Die Zündwarensteuer beträgt:
... 3.) für Feuerzeuge
a) mit Zündsteinen oder Zündschienen aus Zereisen oder anderem Zündmetall zum Hersteller-Verkaufspreis
bis zu
2,– Mark/Stück 0,50 Mark/Stück,
von mehr als
2,– bis
5,– Mark/Stück 1,00 Mark/Stück,
von mehr als
5,– Mark/Stück 3,00 Mark/Stück.

Für Zündsteine betrug die Steuer 0,10 Mark/Gramm.

»Je heller das Feuer,
je weniger Rauch«

Gas- und Platin-Taschenfeuerzeuge

Seit Ende des 18. Jahrhunderts verwendete man Wasserstoff als brennbares Gas für Feuerzeuge. Erinnert sei an das Fürstenberger und Döbereiner Feuerzeug. Es handelte sich aber hierbei nicht um handliche Taschenfeuerzeuge, sondern mehr oder weniger um Zündmaschinen. Eine neue Generation von Feuerzeugen kam auf, als man durch Verbesserung der Ventiltechnik kleine Behälter mit Gas füllen konnte. Außerdem mußten diese Ventile den kontrollierten Austritt des Gases zur Zündungseinrichtung ermöglichen.

Flüssiggas-Feuerzeuge

Zum ersten Mal wurde 1935 von dem Franzosen *Henri Pingeot* ein Patent für ein Gasfeuerzeug angemeldet. Er hatte beruflich mit der Herstellung von Ventilen für Fahrradschläuche zu tun. An der gewerblichen Nutzung seiner Erfindung war er nicht sonderlich interessiert. Der französische Feuerzeugfabrikant *Marcel Quercia* übernahm das Patent von *Pingeot* und brachte 1947 ein Gasfeuerzeug auf den Markt. Zusammen mit dem Shell-Konzern wurde als neues Gasreservoir ein Behälter mit Butan als Brennstoff entwickelt. Butan ist ein gasförmiger gesättigter Kohlenwasserstoff der Summenformel C_4H_{10}.
Das unter Druck verflüssigte Butan wird durch ein Ventil in den Feuerzeugbehälter gefüllt. Über einen genau eingestellten Mechanismus kann es beim Öffnen des Ventils durch den gleichzeitig betätigten Zündmechanismus von Funken aus Cerium-Feuersteinen entzündet werden. Es verbrennt unter Entstehung von Wärme nach folgender Gleichung:

$$C_4H_{10} + 6\frac{1}{2}\,O_2 \rightarrow 4\,CO_2 + 5\,H_2O$$

Heute besteht Feuerzeuggas in der Regel aus einem Gemisch von Propan, 2-Methylpropan (Isobutan) und n-Butan. Die Gasfeuerzeuge stellt man wie die Benzinfeuerzeuge in den verschiedensten Formen her. Die Produktion der Tanks erfolgt automatisch und ist dadurch sehr preiswert. Anfangs fertigte man Gas-Feuerzeuge mit Wechselgaspatronen, die sich anstelle des herkömmlichen Benzin-Tanks einsetzen ließen. Später wurden die »Einweg-Wechsel-Patronen« mit Nachfüllventilen versehen. Diese hatten den Vorteil, daß bei Fehlern am Ein- oder Ausströmventil nicht das ganze Feuerzeug wertlos war. Da die Zusammensetzung des Gasgemisches konstant ist, sind die Ausströmgeschwindigkeiten gleich. Inzwischen ist man jedoch weltweit zu Feuerzeugen mit fest integriertem Gastank übergegangen und nur noch wenige Hersteller verwenden den bewährten Wechseltank.
Den absoluten »Renner« im internationalen Feuerzeugmarkt bilden heute die Einweg- oder Wegwerf-Feuerzeuge, die auch mit Piezo-Zündung angeboten werden. Infolge ihres niedrigen Preises und hoher Produktionszahlen sind sie für Nutzer und Hersteller gleichermaßen interessant.
Zigarettenraucher benutzen jetzt vor allem diese bequemen Feuerzeuge. Weltweit ist dadurch der Zündholzverbrauch in den letzten Jahren zurückgegangen.

Eine spät genutzte Erfindung von Döbereiner

Es ist bemerkenswert, daß einige Wissenschaftler, die sich mit der Chemie bzw. Physik des Feuermachens beschäftigt haben, durch mehrere Entdeckungen auf diesem Gebiet bekannt geworden sind. So hat *Kunckel* nicht nur den Phosphor mitentdeckt, sondern auch das Knallquecksilber zum ersten Mal hergestellt.

Boettger hat das Döbereiner Feuerzeug weiterentwickelt und die Sicherheitszündhölzer erfunden. Auf *Döbereiner* geht nicht nur das Feuerzeug zurück, bei dem ein Wasserstoff-Luft-Gemisch durch die katalytische Wirkung von Platin entzündet werden kann, er erfand auch im Prinzip die Wirkungsweise des in den 20er Jahren dieses Jahrhunderts aufkommenden Platin-Taschenfeuerzeuges.

1821 stellte *Döbereiner* ein eigentümliches Platinpräparat her, welches er Platinsuboxyd nannte; in Wirklichkeit war es feinverteiltes metallisches Platin.

In einer großen Anzahl von Experimenten untersuchte er die Wirkung dieses Platinschwammes bei der Berührung mit Alkohol. Wie *Edmund Davy*, ein Vetter des bekannten englischen Wissenschaftlers *Humphry Davy,* stellte er fest, daß Platinschwamm, auf mit Alkohol getränktes Papier gelegt, zu glühen beginnt. 1822 beschrieb *Döbereiner* einen Versuch, bei dem in einer Glasröhre Sand mit Alkohol befeuchtet wurde. Der darüber gelegte Platinschwamm fing an zu glühen.

1912 wurde diese Erfindung industriell genutzt. Das Platin-Taschenfeuerzeug bestand aus einer Hülse mit zwei Behältern. In dem einen befanden sich die Platindrähte, die am Deckel befestigt waren, während der andere Behälter den mit Alkohol getränkten Docht enthielt. Die Drähte wurden in den Behälter mit dem Docht getaucht, wodurch sie zu glühen begannen und den Docht entzündeten.

Wegen ihres verblüffenden Verhaltens fanden diese Platinfeuerzeuge bis Ende der 20er Jahre rege Verwendung und erlebten auch in den 60er Jahren noch eine vereinfachte Neuauflage. Ihre Produktion mußte jedoch wegen der Gefahr der Selbstentzündung wieder eingestellt werden.

»Feuer brennt,
auch wenn es nicht geschürt wird.«

Ende der »Stein«-Zeit beim Feuermachen

Das Schlagen von Feuersteinen und das Benutzen von Ceriumzündsteinen zum Feueranmachen beruhten auf demselben physikalischen Prinzip: Durch Reibung entsteht Wärme. In den 60er Jahren des 20. Jahrhunderts wurde diese Methode von anderen verdrängt. Piezo-, Batterie- und elektromagnetische Zündung leiteten das Ende der »Stein«-Zeit beim Feuermachen ein. Der Vollständigkeit halber muß noch die Glühzündung erwähnt werden. Sie wird vor allem als Zigarettenanzünder im Auto angewendet.

Feuerzeuge mit Piezo-Zündung

Die Piezoelektrizität wurde von den Brüdern *Jacques* und *Pierre Curie* 1880 entdeckt. Sie stellten fest, daß Quarzkristalle unter mechanischen Beanspruchungen (gerichteter Druck oder Zug, Torsion, allseitiger Druck) auf gegenüberliegenden Grenzflächen positive bzw. negative Überschußladungen ausbilden.
Pierre Curie entdeckte später mit seiner Frau *Marie Curie* geb. *Skłodowska* das Radium und das Polonium. Sie erhielten 1903 gemeinsam mit *Henri Becquerel*, dem Entdecker der Radioaktivität, den Nobelpreis für Physik.
Der Piezoeffekt tritt bei Kristallen auf, die kein Symmetriezentrum haben – das trifft bei 21 der 32 Kristallklassen zu. Aber auch Isolatoren, d. h. Stoffe, die keine reinen Ionenbindungen enthalten, können den Piezoeffekt aufweisen. Um ihn zu verstehen, muß man sich ein wenig mit dem Bau von Kristallen beschäftigen.
Unter der Kristallstruktur versteht man die räumliche Anordnung der Atome im Kristall. Wegen der Periodizität des Aufbaus genügt die Beschreibung einer einzigen Elementarzelle. Das ist der geometrische Grundkörper, aus dem der Kristall aufgebaut ist. Innerhalb einer solchen Elementarzelle ist oft ein Teil symmetrisch, z. B. durch Spiegelung an einer Ebene oder durch Drehung um die eigene Achse. Je nach den möglichen Symmetrieoperationen unterscheidet man die oben erwähnten 32 Kristallklassen.
Eine Kraft bzw. ein Druck bewirkt, daß sich in piezoelektrischen Kristallen sowohl die positiven als auch die negativen Ladungen so verschieben, daß ein elektrisches Dipolmoment entsteht. Ob dieser Effekt beobachtet wird oder nicht, hängt davon ab, wie die negativen und positiven Bausteine in einem Gitter verteilt sind. Liegt ein Symmetriezentrum vor, dann kann durch mechanischen Druck kein Dipolmoment erzeugt werden. Quarz, Turmalin und bestimmte keramische Materialien haben jedoch gute piezoelektrische Eigenschaften.
Für Quarz (SiO_2) zeigt ein Bild schematisch den Zusammenhang zwischen den drei polaren Achsen a_1, a_2, a_3, die auch elektrische Achsen E_1, E_2, E_3 heißen, und dem in der Technik benutzten x, y, z-Koordinatensystem.
Übt man auf eine Quarzplatte, die senkrecht zu einer elektrischen Achse aus einem Kristall ausgeschnitten wurde, Druck aus, so werden die positiv geladenen Siliciumionen zurückgedrängt, wodurch die beiden

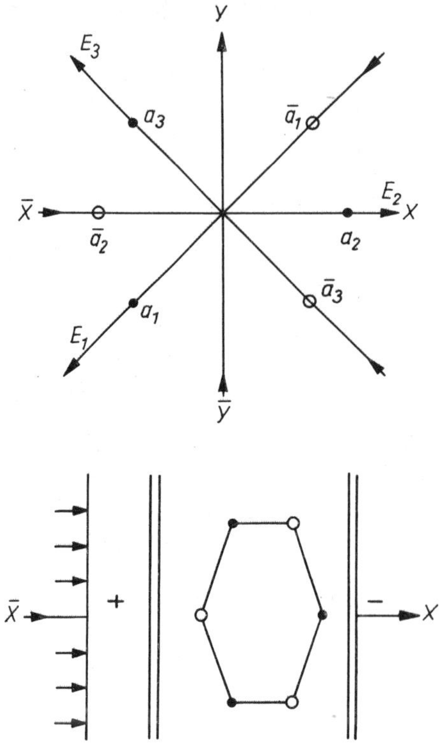

Prinzip des Piezoeffektes
oben: Symmetrischer Quarz mit drei polaren Achsen. E_1, E_2, E_3, (● Si-Atome, ○ 0-Atome); unten: Longitudinaler Piezoeffekt. Die positiven und negativen Ladungen verschieben sich unter Druck, so daß ein elektrisches Dipolmoment entsteht

negativ geladenen Sauerstoffionen überwiegen und eine negative Aufladung der oberen Fläche bewirken. Bei der unteren Fläche ergibt sich durch das Zurückdrängen der Sauerstoffionen in bezug auf die beiden Siliciumionen eine positive Aufladung.
Bei dem piezoelektrischen Feuerzeug wird ein Hammer unter Federkraft auf das Piezo-Element, einen Keramik-Kristall, geschlagen. Dadurch entsteht eine Spannung von 8 bis 10 kV. Sie entlädt sich über eine Funkenstrecke in der Nähe des Brennstoffventils, welches zur Zeit des Funkenentladens synchron geöffnet wird und das Gas freigibt. Es ist wichtig, daß das Gas bereits ausströmen muß, bevor der Zündfunke entsteht. Ein Foto zeigt das Schema eines solchen Piezo-Feuerzeuges. Diese Feuerzeuge kamen Anfang der 70er Jahre auf den Markt. Sie werden vor allem von japanischen Firmen hergestellt.

Batteriezündung

Seit Mitte der 70er Jahre werden batteriegezündete Feuerzeuge produziert, die mit Hochleistungsbatterien arbeiten. Es gibt dabei zwei Arten von Zündungen:

> Es wird eine 12-V-Batterie eingesetzt, die bei jeder Betätigung des Zündknopfes nur einen Zündfunken erzeugt; oder es wird eine Knopfbatterie mit 1,5 V Spannung eingesetzt. Dabei werden in kurzen Abständen Zündfunken erzeugt, solange man den Auslösemechanismus bedient.

Die zweite Art der Zündung bezeichnet man auch als IC-Sensor-Zündung. IC bedeutet integrierter Schaltkreis.
Bei diesem Feuerzeug wird die niedrige Spannung der Batterie hochtransformiert und über einen Kondensator entladen. Durch die vielen Funken, die kurz nacheinander erzeugt werden, ist eine vollkommene Zündsicherheit gewährleistet. Nach Betätigen des Zündschalters öffnet sich das Gasventil und die sich entladende Spannung entzündet das Gas.

Elektromagnetische Zündung

Die elektromagnetische Zündung wird schon seit langem bei den Verbrennungsmotoren angewendet. Im Jahre 1911 erhielt *Emile Laforge* in Lyon vom Kaiserlichen Patentamt unter der Nr. 243477 ein Patent für ein »selbsttätiges Feuerzeug mit magnetelektrischer Einrichtung«. Das Feuerzeug ist dadurch gekennzeichnet, daß eine Spiralfeder 2 auf der Achse des Ankers 3 so an-

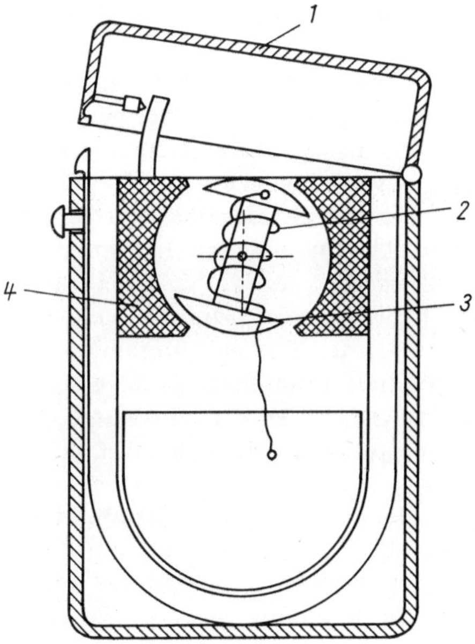

Zeichnung zu Patent 243477
1 Deckel, 2 Spiralfeder, 3 Anker, 4 Polschuhe

gebracht ist, daß sie sich bei Freigabe des Deckels 1 entspannt und den Anker in Drehung setzt, während der mittels Polschuhe 4 und Anker hervorgerufene Strom vom aufspringenden Deckel unterbrochen wird, so daß ein die Zündung bewirkender Abreißfunken entsteht.
Erst in den 70er Jahren wurde die elektromagnetische Zündung für handelsübliche Feuerzeuge eingeführt. Das Prinzip besteht in folgendem: Durch Druck auf die Zündtaste wird ein geschlossener Stromkreis schlagartig geöffnet. Dabei entsteht durch Induktion in der Primärspule eines Transformators eine Spannung, die durch einen Schwingkreis auf etwa 8000 V hochtransformiert wird. Diese hohe Spannung entlädt sich über eine Zündstrecke in der Nähe des Brennerventils, das gleichzeitig mit dem Betätigen der Zündtaste geöffnet wird. Dadurch kann sich das Gas-Luftgemisch entzünden.

Vorteilhaft sind die praktisch unbegrenzte Betriebsfähigkeit und Zündsicherheit. Nachteilig sind das große Volumen, das Magnet und Transformator beanspruchen sowie der hohe Preis.

Feuerzeuge mit Solarzellen

Solarzellen wandeln auftreffendes Licht in elektrische Spannung um. Diese kann zur Zündung verwendet werden. Mit Hilfe spezieller Schaltungen wird die Spannung verstärkt und in Akkumulatoren gespeichert. Ein Kondensator wird mit ihr ständig aufgeladen. Beim Betätigen der Zündtaste gelangt die gespeicherte Spannung in einen Transformator. Die erzeugte Hochspannung von etwa 10000 V entlädt sich über eine Funkenstrecke am Brennerventil und entzündet das Gas-Luftgemisch.
Vorteile der elektrischen Zündung mit Solarzellen-Energie sind der geräuschlose Ablauf und die maximale Zündsicherheit. Auch ohne Einstrahlung von Licht sind durch Speicher-Zündreserve 1000 Zündungen möglich. Nachteilig ist auch bei diesem Feuerzeug der relativ große Raum, der für die komplizierte Technik noch benötigt wird.

Feuer aus der Steckdose – eine Notlösung

Heutzutage zündet man sich die Zigarette oder die Zigarre meist mit dem Einweg-Feuerzeug an. Wer es mag, hat sogar eine besonders wertvolle Hülle dazu. Der Pfeifenraucher greift zu seinem speziellen Schrägflammen-Feuerzeug. Auch die Hausfrau kommt am häuslichen Herd gut mit dem piezoelektrischen Gasanzünder oder dem Zündholz zurecht. All das ist selbstverständlich geworden. Vor über 40 Jahren war das aber nicht so: Kriegsende, keine Produktionsstätten für Zündhölzer oder gar Feuerzeuge, Material fehlte überall.

Allmählich wurde die Stromversorgung wieder stabilisiert, d.h. zunächst nur für einige Stunden am Tag. Was lag da näher, als das Feuer für den häuslichen Herd oder für die »Eigenbau«-Zigarette aus der Steckdose zu entnehmen.
Beispiele dazu gab es schon zu Beginn des 20. Jahrhunderts, so u.a. aus der Produktion der Firma Siemens & Halske, die damals ein rundes Wandfeuerzeug mit Druckknopfkontakt und freiliegender Glühdrahtzündung auf den Markt brachte. Durchgesetzt hatten sich diese Elektro-Feuerzeuge nie, aber sie dienten in den ersten Nachkriegsjahren als »Vorlage«.
Man nahm zwei Stücke eines ausgedienten Sägeblatts oder ähnlich geformte Blechstreifen und befestigte diese parallel zueinander auf einer isolierenden Unterlage. Mit einem Metallröhrchen, in welchem sich ein benzingetränkter Docht befand, der vorn ein Stückchen herausragte, wurde auf den mit einer Spannungsquelle verbundenen Blechstreifen hin- und hergerieben. Dadurch entstand ein Miniaturfeuerwerk, das den Docht entzündete. Spannungsquelle war das Lichtnetz. Es mußte deshalb ein den Kurzschluß verhütender Schutzwiderstand vorgeschaltet werden. Als Widerstände dienten alte Kohlestifte aus Scheinwerfern oder Taschenlampenbatterien, Bleistiftminen und wassergefüllte Reagenzgläser.
Derartige Feuerzeuge wurden auch verkauft oder gegen andere Ware getauscht. Das Feuerzeug der Marke »Efeu« beruhte auf dem beschriebenen Prinzip. Die Widerstandsspule war zwischen zwei Isolierplatten mit Aluminiumnieten befestigt. Als »Steckkontakte« für die 220-Volt-Steckdose dienten zwei u-förmig gebogene Eisendrahtstifte. Der mit Keramikperlen isolierte Streichdraht hatte vorn einen kleinen Wattebausch, der vor jeder Zündung in die Brennstoff-Flüssigkeit getaucht werden mußte.
Andere Hersteller, meistens Kleinbetriebe, brachten die »Technik« in einem handwerklich gefertigten Holzkästchen unter. Der Zündstoffbehälter mit dem Streichrohr war an der Seite angebracht. Die Kontakte für die Steckdose bestanden bei diesem Modell aus Messing.
In Apolda stellte ein kleiner Betrieb derartige Feuerzeuge aus Verteilerdosen, die aus dem Flugzeugbau stammten, her. Not macht immer erfinderisch. Zum Glück gab es nach dem zweiten Weltkrieg bald wieder Zündhölzer, wenngleich diese zunächst nur auf Bezugsmarken ausgegeben wurden. Sie waren sicherer als die lebensgefährlichen Eigenbau-Feuerzeuge.

»Feuer, Gesundheit und Geld
braucht man immer in der Welt.«

Farben und Formen in großer Vielfalt

Bereits die ersten Feuerzeuge, die Pinkstähle, wurden in den vielfältigsten Formen hergestellt. Zunder, Feuerstein und Pinkstahl kamen in verzierten Schachteln in den Handel. Fürsten und reiche Bürger kauften mechanische Zündmaschinen in kostbarer Aufmachung. Luxusausführungen des Döbereiner Feuerzeuges gab es für das seinen Wohlstand zur Schau stellende Bürgertum des 19. Jahrhunderts. Glas, Kristall und vergoldete Metalle setzte man als Materialien ein. Mit der industriellen Produktion der Feuerzeuge im 20. Jahrhundert mußten unterschiedliche Muster für den Absatz werben. Das Feuerzeug als Gebrauchsgegenstand nahm die Formen der jeweiligen Moderichtung an. So veränderte z. B. der Jugendstil mit seiner sowohl aus der Natur als auch durch die Technik beeinflußten Ornamentik die Gestaltung der Feuerzeuge. Nach dem ersten Weltkrieg stellte die französische Firma Cartier Feuerzeuge in zahlreichen phantasievollen Formen her. Sie glichen beispielsweise Pistolen, Bleistifthülsen oder Buchhüllen.

Durch die Erfindung der Wegwerffeuerzeuge entwickelte sich die Produktion in zwei unterschiedliche Richtungen. Während einerseits immer preiswertere Feuerzeuge auf den Markt gebracht werden, die äußerlich durch farbige Plaste auffallen und oft auch als Werbegeschenke Verwendung finden, sind andererseits auch sehr kostbare Feuerzeuge im Handel. Sie bestechen vor allem durch die aufwendige Oberflächengestaltung. Edelmetalle, Emaillierungen, kostbares Leder und teure Lackarbeit machen diese Feuerzeuge zu Luxusgegenständen.

Nach 1945 waren Feuerzeuge in Pistolenform beliebt. Außerdem kamen Feuerzeuge mit Mehrfachfunktionen, z. B. als Zigarrenabschneider, Flaschenöffner, Digitaluhr und Schreibgeräte auf den Markt.

Selbst berühmte Goldschmiede, wie *Peter Carl Fabergé,* beschäftigten sich mit dem Feuerzeug. Es war ein Grundsatz *Fabergés*, kein Stück identisch mit dem anderen zu produzieren. So wurde durch ihn dieser Gebrauchsgegenstand zu einem Einzelkunstwerk.

Heute werden Feuerzeuge in den kuriosesten Formen auch als Massenartikel gehandelt. Zahlreiche Ideen und verschiedenste Materialien sollen den unterschiedlichen Bedürfnissen der Nutzer Rechnung tragen. Tierfiguren, Lippenstifte, Kugelschreiber, Schuhe, Autos oder Schlüsselanhänger bilden die Hülle für den praktischen Gegenstand.

Feuererzeugung im Lauf der Jahrhunderte – eine Übersicht

Die folgende Übersicht zeigt noch einmal die verschiedenen Arten zur Feuergewinnung, über die in den vorangegangenen Abschnitten berichtet wurde.

Feuererzeugung durch	Vorgang	entzündeter Stoff/ chemische Reaktion	Zeitraum der Anwendung
Naturgewalten	Blitze, Vulkanismus	Holz, Laub, Gräser	unbegrenzt
Feuersteine, Pyrit	Reibung – Funken	Laub, Gräser, Zunder	25000 v. u. Z. bis 1940
Reibfeuerzeuge (Holz – Holz)	Reibung – Wärme	Zunder, Holz, Laub	5000 v. u. Z. bis 1971
Pinkfeuerzeuge	Reibung – Funken	Zunder, Holz, Laub	1000 v. u. Z. bis 1900
Pneumatisches Feuerzeug	Kompression von Luft	Zunder, Ether, Schwefelkohlenstoff	1770 bis 1900 (Borneo)
Chemische Feuerzeuge	exotherme Reaktion	Phosphor, Kalium-chlorat, Lunte, Holz	1780 bis 1830
Fürstenberger Feuerzeug	Reibungs-elektrizität	Wasserstoff	1780 bis 1840
Döbereiner Feuerzeug	Katalyse	Wasserstoff/Platin	1823 bis 1900

Feuererzeugung durch	Vorgang	entzündeter Stoff/ chemische Reaktion	Zeitraum der Anwendung
Friction Lights (Lucifers)	Reibung, exotherme Reaktion	Kaliumchlorat, Antimonsulfid	1826 bis 1840
Phosphorzündhölzer	Reibung, exotherme Reaktion	Kaliumchlorat, weißer Phosphor	1830 bis 1906
Pyrophore Substanzen	exotherme Reaktion	Gemische pyrophorer Substanzen	1830 bis 1860
Sicherheits-zündhölzer	Reibung, exotherme Reaktion	Kaliumchlorat/ roter Phosphor	1848 bis heute
Feuerzeuge mit galvanischen Elementen	Elektrizität	Wasserstoff, Benzin, Butan, Propan	1823 bis heute
Cerium-Feuerzeuge	Reibung	Cerium-Mischmetall, Benzin, Gas	1903 bis heute
Platin-Taschen-feuerzeuge (Adoka)	Katalyse	Alkohol	1910 bis 1950
Feuerzeuge mit Piezozündung	Piezoeffekt	Butan, Propan	1970 bis heute
Feuerzeuge mit elektromagnetischer Zündung	Elektrizität	Butan, Propan	1970 bis heute
Feuerzeuge mit Solarzellen	Sonnenenergie	Butan, Propan	1970 bis heute

Feuerstahl und Feuerstein in der Heraldik

Der gepanzerte Ritter des hohen Mittelalters war in seiner Rüstung bei geschlossenem Visier als Person nicht zu erkennen. So wurde es im europäischen Rittertum üblich, auf dem Schild bestimmte Zeichen anzubringen, die den betreffenden Ritter und später den Fürsten, für den er kämpfte, kennzeichneten. Die meisten Menschen des Mittelalters konnten nicht lesen. Bildhafte Darstellungen und Zeichen bildeten die Symbole weltlicher Herrschaft und geistlicher Gewalt.

Devisen, d.h. Sinn- und Wahlsprüche auf Orden und Wappen, nehmen oftmals Bezug auf funkenschlagende Feuerstähle. Auf den Fahnen der burgundischen Truppen war z.B. der Feuerstahl mit Funken und Strahlenschein abgebildet.

Feuerstähle wurden auch oft in Familienwappen als patriotische Bekundung zum jeweiligen Herrscher geführt. Hierbei machte sich der burgundische Einfluß vor allem in Spanien und in der Schweiz bemerkbar. Derartige Familienwappen findet man aber auch in Mailand und Straßburg.

Feuer und Schwert – das ist symbolisch für den Krieg. Feuer bedeutet aber auch Kraft und Leidenschaft. Feuer konnte zerstörerisch gegenüber Feinden und mitreißend gegenüber Freunden wirken. Es ist daher nicht verwunderlich, daß das Gerät zum Erzeugen von Feuer, der Feuerstahl, als Wappen und Symbol in Orden zu finden ist.

Der Orden vom Goldenen Vlies, der 1429 vom Herzog *Philipp III.* von Burgund gestiftet wurde und seit 1700 hoher österreichischer und spanischer Orden war, hängt an einer Kette, deren Glieder die Form von Feuerstählen haben. Passend lautet das Motto des Ordens: »Zuvor der Schlag, dann glänzt die Flamme.« Damit sollten die Ordensritter ermahnt werden, gestählt durch die Kraft des Glaubens mit Feuereifer für die römisch-katholische Kirche einzutreten.

Das erste »Kleine Reichswappen von Österreich« läßt ebenfalls eine Kette von Feuerstählen um das in der Mitte des Adlers befindliche Wappenschild erkennen.

Der »Weiße Adlerorden« von Serbien aus dem 19. Jahrhundert besteht aus einem Kreuz, um das in vier roten Feldern Feuerstähle dargestellt sind.

Auch auf Siegeln findet man Feuerstähle und Feuersteine.

Feuerzeuge in Museen und Sammlungen

In der schwedischen Stadt Jönköping, ehemals Zentrum der Produktionsstätten für Schwedenhölzer, befindet sich ein Zündholzmuseum. Hier werden nicht nur historische Zündhölzer und Zündholzetiketten gezeigt, man kann auch alte Feuerzeuge und das größte Zündholz der Welt – 7m lang und 2 m im Umfang – bewundern.
Die größte Sammlung »chemischer« Feuerzeuge (Turiner Kerzen, Prometheans, briquet phosphorique usw.) befindet sich im Science-Museum in London.
Döbereiner Feuerzeuge sind in den Nationalen Forschungs- und Gedenkstätten in Weimar, aber auch im Museum für Thüringer Volkskunde in Erfurt zu finden.
In der Bundesrepublik Deutschland werden viele historische Feuerzeuge im Deutschen Museum in München aufbewahrt.
In der Volksrepublik Polen ist ein phillumenistisches Museum in Bystrzyca Kłodzka. Das vor 20 Jahren gegründete Museum hat reiche Sammlungen mittelalterlicher Feuerzeuge, chemischer Feuerzeuge, alter Lampen und Zündhölzer. Eine gern besuchte Abteilung zeigt Zündholzschachtel-Etiketten.
Über die 140jährige Geschichte der Zündholzproduktion in Rußland und in der Sowjetunion gibt ein Museum Aufschluß, das in Kaluga eingerichtet wurde. Die Sammlung reicht von den einfachen Zündhölzern bis zu meterlangen Exemplaren, mit denen man früher feierlich das Feuer in den Hochöfen entfachte. Ein sehr seltenes Stück der Sammlung ist eine Zündholzschachtel, die 1974 während einer Expedition aus dem Eis geborgen wurde. Diese Schachtel gehörte dem russischen Polarforscher *Tollja*, der 1900 an der Küste am Taimyr überwintert hatte.
Ein anderes Zündholzmuseum befindet sich in Sušice in der ČSSR. Hier wurden von der Firma Fürth die ersten Sicherheitszündhölzer hergestellt.
Die umfangreichste Feuerzeugsammlung der DDR stammt von dem Autor *Rolf Jarschel*. Sie befindet sich jetzt im Kreismuseum Merseburg. In ihrer Geschlossenheit vom historischen bis zum modernen Feuerzeug gilt diese Sammlung als eine der interessantesten ihrer Art. Sie umfaßt mehr als 3000 Exponate aus der Produktion fast aller Länder der Erde und beinhaltet auch das größte Feuerzeug der Welt (2,435 m), das im Guiness-Buch der Rekorde 1986 ausgewiesen wurde.

Kurioses vom Feuerzeug

Als die ersten Benzinfeuerzeuge auf den Markt kamen, machte man sich über diese Feuerzeuge noch sehr lustig. *Hans Moser* sang von den »Toujourln«, das bedeutete spöttisch so viel wie immer brennend. Man sprach auch von den »Peuteterln«, das heißt den »vielleicht« Brennenden. »Jubiläumsfeuerzeuge« waren Feuerzeuge, die bei jedem 25. Versuch brannten.

Aus den 30er Jahren stammt die folgende Kurzgeschichte:

Mein Feuerzeug

Ich besaß einmal ein Feuerzeug. Aber nun habe ich es nicht mehr, und langsam aber sicher blüht meine Gesundheit wieder auf, und die Farbe kehrt auf meinen Wangen wieder. Ich erinnere mich an den Tag, da ich es geschenkt bekam. Meine Freunde Georg und Robert kamen und mit ihnen andere Freunde und viele Leute, die ich nicht kannte. Unter ihnen waren Frauen mit Kindern auf dem Arm, alte Männer, die das lange und einförmige Leben sensationshungrig gemacht hatte. Ich hielt das Feuerzeug in der Faust und drehte mit Macht an dem Rädchen, um die Flamme zu erzeugen, mit der ich Hunderte und aber Hunderte von Zigaretten anzünden wollte. Die Flamme kam nicht, und ich drehte mit aller Kraft das Rädchen mit dem Daumen, aber immer umsonst. Ich sah die Menschenmenge um mich her an. Glücklicherweise war ihr Betragen zwar kalt, aber höflich, und eine Frau aus dem Volke lächelte mir sogar zu, um mir Mut zu machen. Vielleicht dachte die Menge, daß von diesem Tage an der Tod der Streichhölzer entschieden sei. »Lebt wohl«, sagte wohl so mancher zu sich, »lebt wohl, ihr kleinen Holzstückchen mit eurer Schwefelhaube auf dem Kopf! Lebt wohl, ihr kleinen und im Winde zitternden Flämmchen, die ihr so schnell aufflackert und so schnell sterbt! Ihr verbranntet uns die Finger, ihr Schlimmen. Oder aber ihr löschtet aus, wenn ihr genug hattet! Und so kurze Zeit branntet ihr! Lebt wohl ihr Kleinen!«

Ich ergriff von neuem das Feuerzeug und drehte das Rädchen. Lange, viele Stunden hindurch drehte ich es, und von meinem Daumen rann das Blut. Aber was kümmerte das mich? Die Flamme wollte ich, die Flamme! Und die Menge verfolgte meine Anstrengungen, begeisterte sich über meine mühevolle Arbeit, erschauerte, als sie mein Blut sah. Und unermüdlich fuhr ich fort, denn um jeden Preis wollte ich die Flamme erzeugen. Ich erinnere mich, daß es ein alter Mann war, der die ersten feindlichen Schreie gegen mich ausstieß. Kurz danach war die Menge mit ihm. Nur die kleine Frau aus dem Volke lächelte mir weiter zu. Noch immer drehte ich an dem Rädchen und drückte es mit dem schmerzenden Daumen. Dann fiel ich blutend zu Boden. Und die grausame Menge traf mich mit Steinen und schlug mich mit Keulen. Dann ließen sie mich allein, umringten den alten Streichholzverkäufer und trugen ihn auf den Schultern im Triumphzug durch die Stadt. Ich verlor die Sinne und träumte von einer großen und schönen Flamme, die aus dem Feuerzeug kam.

Nun, ganz so schlimm wird es wohl nicht gewesen sein.
Ein Erlebnis ganz anderer Art hatte ein finnischer Bürger 1985.

Feuer in der Hose

Unter dieser Überschrift stand in der Magdeburger Zeitung »Die Volksstimme« vom 11.3.85 folgende Meldung:
»Ist die Not am größten, ist die Feuerwehr am nächsten« – diesen Spruch will sich jetzt ein Bürger im finnischen Vaasa gestickt ins Wohnzimmer hängen. Vor einigen Tagen ging er im Zentrum der Stadt spazieren, als es plötzlich »puff« machte und sein Hosenboden in hellen Flammen stand. Die Besatzung eines vorbeifahrenden Feuerwehrautos entdeckte den »Brandherd« und löschte, wie die örtliche Zeitung mitteilte, »blitzschnell und mit berufsmäßiger Effektivität«. Ein undichtes Gasfeuerzeug in der Tasche hatte die Kunstfaserhose des Bürgers mit Flüssiggas getränkt. Der Funke einer Zigarette setzte sie in Brand.

In dem Abschnitt über die Besteuerung der Zündhölzer wurde eine Feuerzeugkonstruktion beschrieben, die entwickelt wurde, um nicht die erhöhten Zündholzsteuern bezahlen zu müssen. Zum Glück bürgerte sich dieses steuerhinterziehende Feuerzeug an den deutschen Herden nicht ein. Man zahlte doch lieber die Zündholzsteuer, als diese lebensgefährliche Konstruktion anzuwenden.
Sicher gibt es noch viele lustige und kuriose Erlebnisse mit Feuerzeugen. Zum Abschluß soll *Hans Moser* mit einem Lied zitiert werden, das als Refrain folgenden Text hat:

»Ja mei Feierzeig is a Patent, das alles tut, doch nur net brennt.
Mei Feierzeig is Qualität, nur möcht ich sehn, wie's ist wann's geht.
Brennt schon einmal das Benzin, is der Feierstein dann hin.
Is der Feierstein dann gut, ist's Radel dann kaputt.
Dreht sich's Radel endlich doch, geht der Deckel dann net hoch.
Geht der Deckel endlich schon, schlipft der Docht durch's Loch davon.«

Sprüche und Redensarten

Die Sprüche und Redensarten vom Feuer sind verschiedenen Sammlungen entnommen und stammen meistens aus der Zeit, als Pinkeisen und Feuerstein die hauptsächlichsten Utensilien zum Anzünden des Feuers waren. Es sind nicht nur Sprüche über das Feuerentzünden, sondern auch über das Löschen des Feuers aufgenommen worden. Das gilt ebenso im übertragenen Sinn.

Bei fremdem Feuer ist gut (wohlfeil) wärmen.

Das Feuer, das den Bart ergriffen, wird auch das Haupthaar verzehren.

Das Fewer, das Meer und ein Weib sind drey böse Dinge.

Das Feuer, das mich nicht brennt, lösche ich nicht.

Das Feuer hab' ich angezündet, sagte die Gans, als sie ihr Kötel rauchen sah.

Das Feuer ist ein Dieb.

Das Feuer muß man nicht besprechen, sondern begießen.

Das Feuer verzehrt eher eine Strohhütte als einen Palast.

Das Feuer vom Himmel holen.

Das Feuer wird durch seine eigene Aschen erhalten.

Das Feuer ziert den Krieg, wie das Magnificat die Vesper.

Das himmlische Feuer ist von hartem Holze, es kommt schwer in Brand, aber es gibt hernach desto stärkere Hitze.

Daß dich das höllische Feuer verbrenne.

Dat Füor brennt em op de Noägel.

Dem fewer kann man fürkommen, aber nicht dem wasser.

Die beim Feuer sitzen, kriegen den Rauch und müssen schwitzen.

Durch Feuer und Schwert.

Einen bei kleinem Feuer braten.

Ein Feuer, das verlöschen will, flackert vorher noch einmal auf.

Ein Feuer ohne Herd, ein Krieger ohne Schwert, ein Beutel ohne Geld sind nicht viel wert in dieser Welt.

Er ist gleich Feuer und Flamme.

Es ist bald ein fewr im Hertzen angeblasen, aber nicht sobald gelescht.

Es ist besser, sich an einem kleinen Feuer zu wärmen, als an einem großen zu brennen.

Es ist ein böses Feuer, welches die Kacheln blos brennt und sie nicht wärmt.

Es ist ein gut Feuer machen, wenn der Nachbar das Holz gibt.

Es ist leicht, ein fewr anzünden, schwer aber dasselb zu löschen.

Es können nicht alle nahe am Feuer sitzen.

Es wirt kein besser fewer gemacht, als von grossen höltzern.

Feuer brennt in der Nähe, Schönheit in der Ferne.

Feuer hat großen Nutzen, wer es aber küssen wollte, verbrennt sich den Mund.

Feuer hüben, drüben Wasser, mit den Lippen Freund und mit dem Herzen Hasser.

Feuer im Herzen bringt Rauch in den Kopf.

Feuer kann wohl verzehren, aber nicht ernähren.

Feuer läßt sich mit Stroh nicht löschen.

Feuer und Rauch sind nahe beieinander.

Feuer und Wasser sind gute Diener, aber schlimme Herren.

Feuer verzehrt, Wasser ernährt.

Fewer löscht nicht fewer.

Für einen durchs Feuer gehen.

Großes Feuer löscht das kleine.

Kein Feuer ohne Rauch, kluge Leute fehlen auch.

Lieber das Feuer in der Hölle geschürt, als im Himmel gefaulenzt.

Man kann Feuer mit ihm angokeln.
(Er ist eine dürre Person)

Man muß nicht jedesmal Feuer schreien, wenn ein Schornstein raucht.

Man soll's Feuer nicht mit dem Schwert suchen.

Mancher speiet Feuer aus und friert am ganzen Leib.

Mancher zündet einem anderen ein fewer an und verbrennt selbst davon.

Sein meistes Feuer ist weg.
(Die Lebenskraft ist verbraucht, der Zorn ist gedämpft, die Leidenschaft hat sich ausgetobt.)

Sie sind wie Feuer und Wasser.

Verdecktes Feuer, heißes Feuer.

Vor dem Feuer kann man sich bewahren, aber nicht vor bösen Menschen.

Wei nit bie't Füür kümmet, verbrennt sick nit.

Wecker't Füer hebb'n will, mot ok den Rok liden.

Wer das Feuer scheut, muß kein Schmied werden.

Wer das fewer schürt, dem schlegt der Rauch in die Augen.

Wer dem Feuer zusieht, den frißt es.

Wer des fewers bedarff, der suchts in der Aschen.

Wer ein Feuer austreten will, hüte sich vor dem Funken.

Wer ein fewr muss leschen, der lescht viel leichter anfangs die funcken.

Wer eines anderen fewer schewren will, dem gehet seyn eigens aus.

Wer Feuer im Herzen hat, der muß warten, bis es auslöscht.

Wer fremdes Feuer sieht, der vergißt zu Haus den Rauch.

Wer in sich selbst kein Feuer hat, kann andere nicht wärmen.

Wer Feuer rufen hört, denkt zuerst an sein Haus.

Wer's Feuer bläst an, der verbrennt sich dran.

Wer zwey fewer anschewren will, dem gehet eines auss.

Wo Bacchus das Feuer schürt, sitzt Venus am Ofen.

Wo fewer gewesen ist, da mag es leicht wieder brennen.

Wo Feuer im Kopfe ist, da riechen die Gedanken verbrannt.

Wo Feuer ist, muß man nicht Feuer zutun. (Darum verbot *Platon* der Jugend das Weintrinken vor ihrem zweiundzwanzigsten Lebensjahr, damit sie nicht, wenn die Hitze des Weins zur jugendlichen Glut hinzukäme, Feuer zu Feuer trage.)

Wo gross Fewer ist, da muss man um so mehr Wasser hintragen.

Wohltätig ist des Feuers Macht, wenn sie der Mensch bezähmt, bewacht. (F. Schiller »Das Lied von der Glocke«)

Zerstreutes Feuer brennt nicht lange.

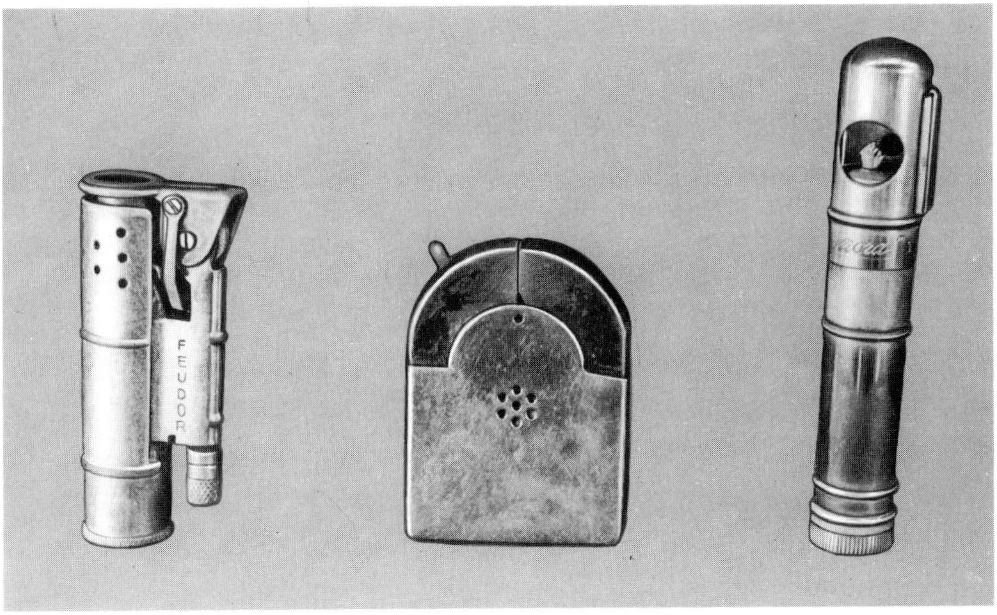

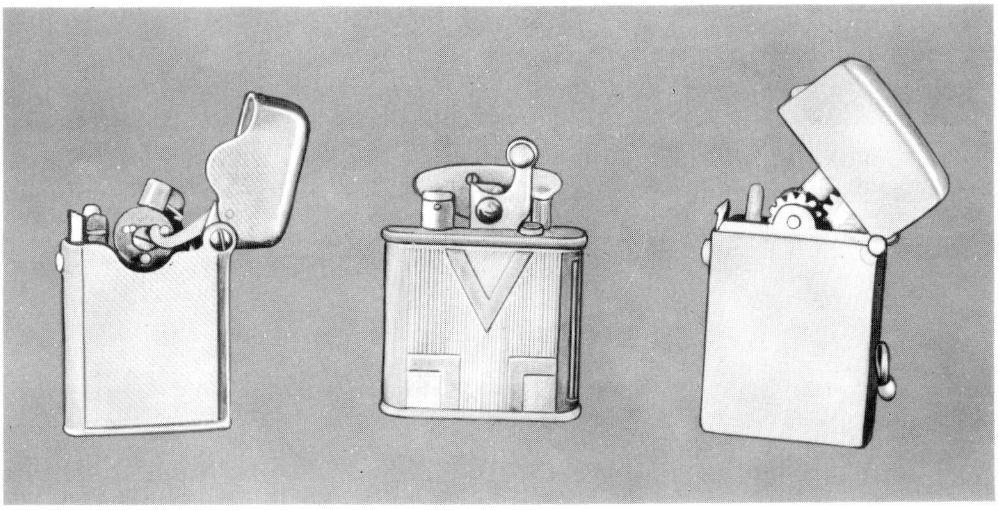

Mechanisierte Reibrad-Rotation in den Anfängen (um 1912)

Benzin-Feuerzeuge mit mechanisierter Reibrad-Rotation

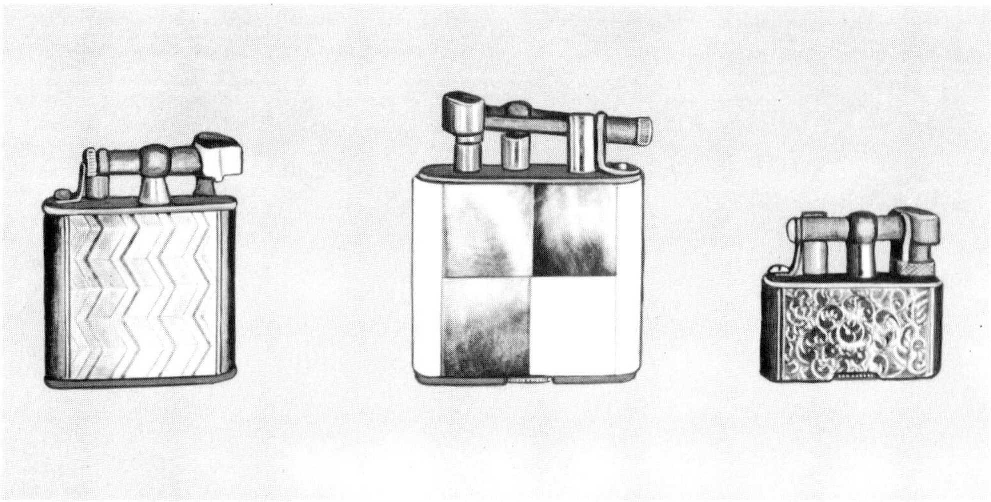

Klappdeckel-Feuerzeuge der zwanziger Jahre

Kuriose Formen wurden von Anfang an hergestellt

Phantasievolle Formgestaltung – Fotoapparat,
Zündkerze und Schlüssel als Feuerzeuge

Eine mechanische Spielerei ist das Rädchenfeuerzeug in Gestalt eines Dackels

Original 1000-Zünder mit halbautomatischer Zündung (um 1935)

Französische Feuerzeuge mit Steuermarken aus den zwanziger Jahren

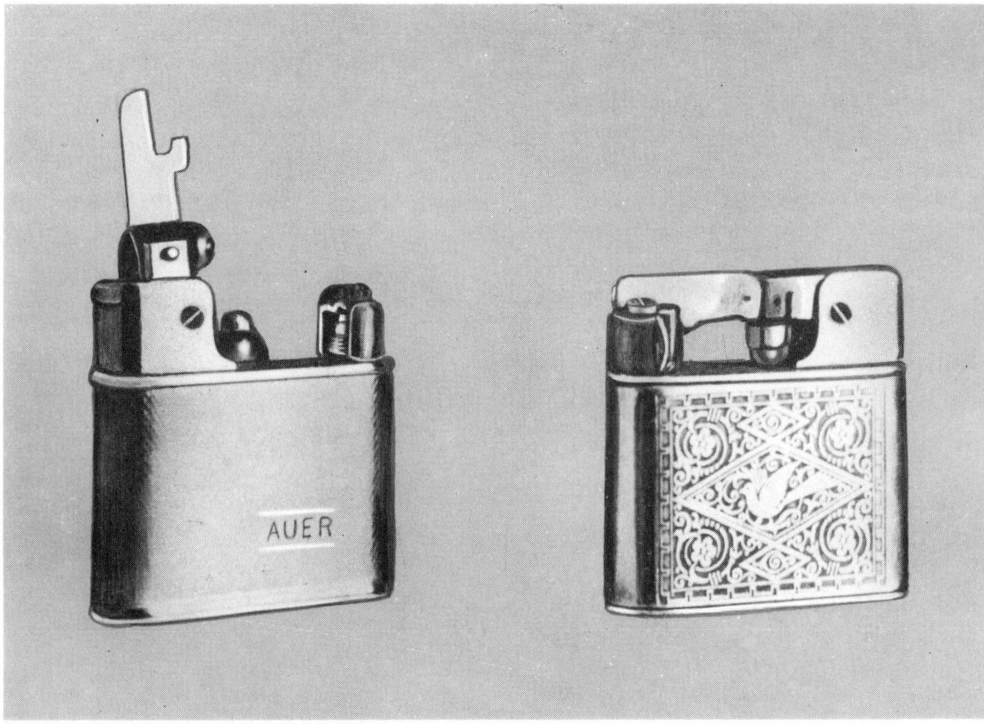
AUER

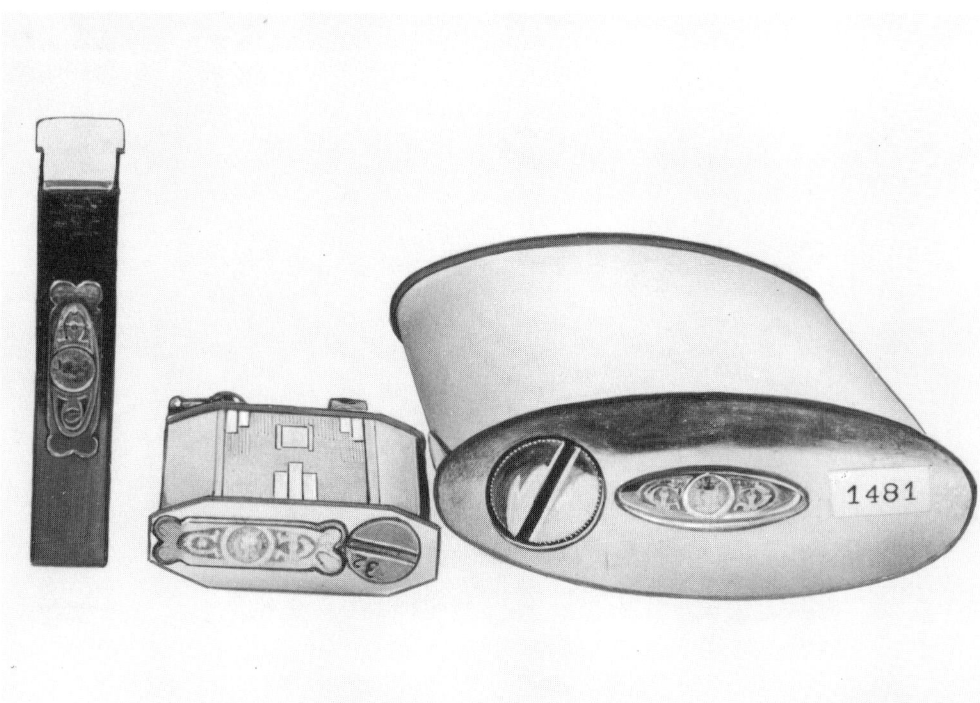
1481
32

Rustikales Feuerzeug

Tischfeuerzeug um 1980

Japanische Gestaltung aus Neuzinn um 1975

Kurioses Feuerzeug

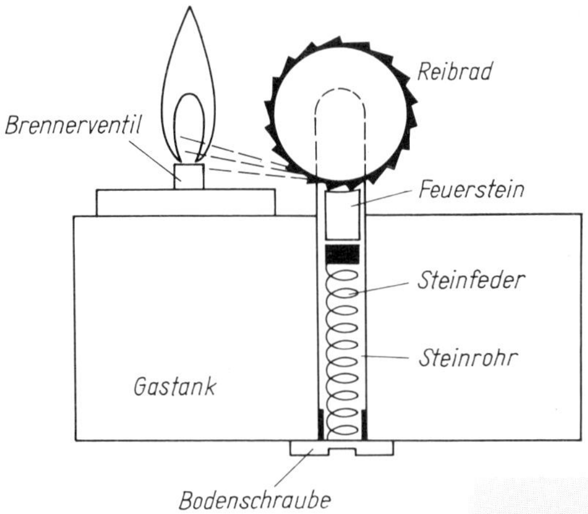

Feuerzeug mit Cerium-Zündung
und Gas als Zündstoff

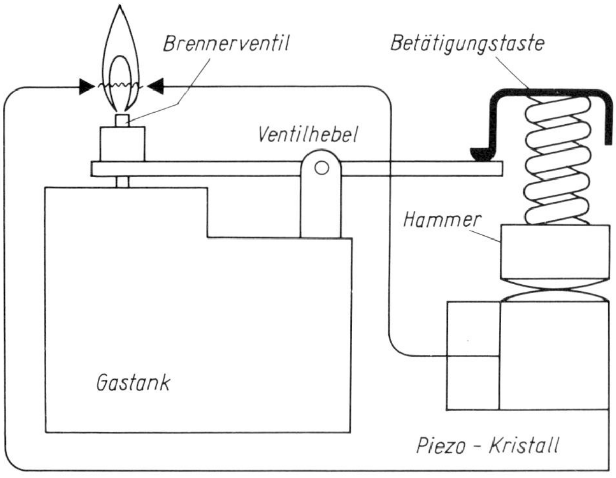

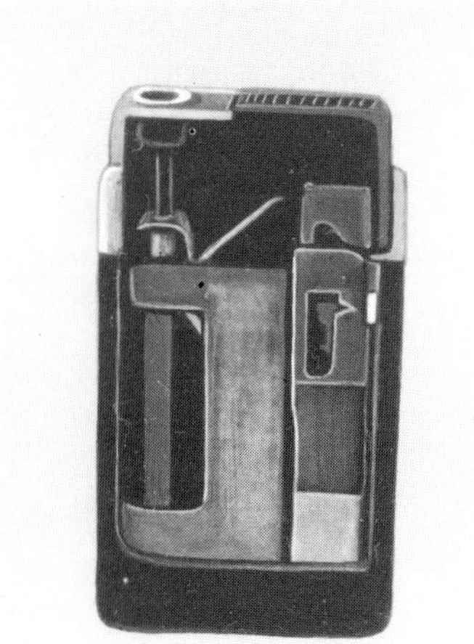

Anfang der siebziger Jahre kamen Feuerzeuge
mit Piezozündung auf den Markt

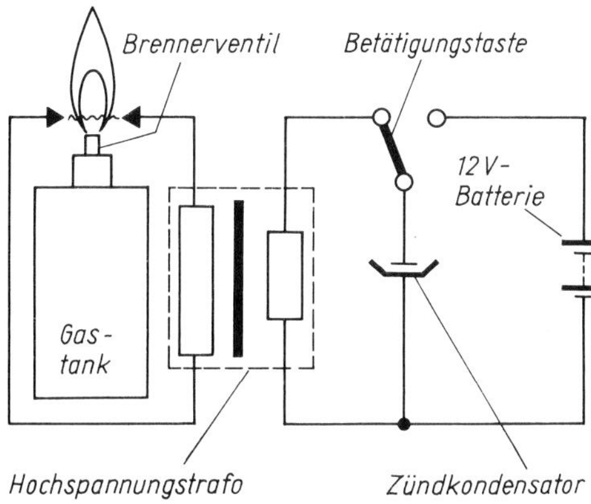

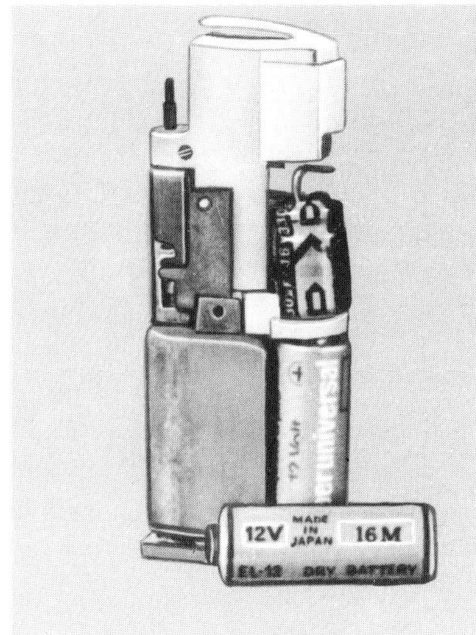

Batteriegezündete Feuerzeuge arbeiten mit Hochleistungsbatterien

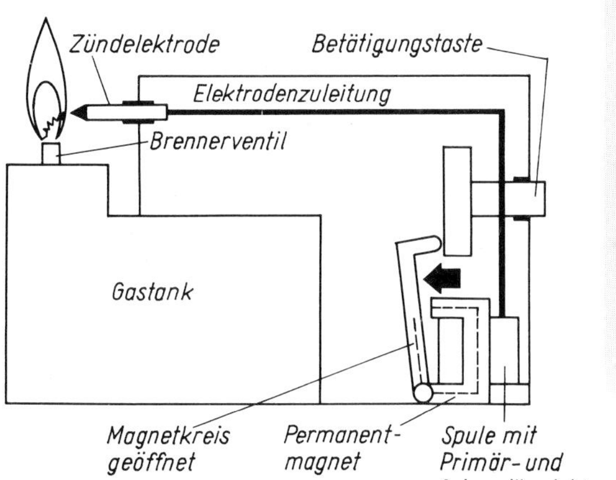

Die elektromagnetische Zündung wurde in den siebziger Jahren für Feuerzeuge angewendet

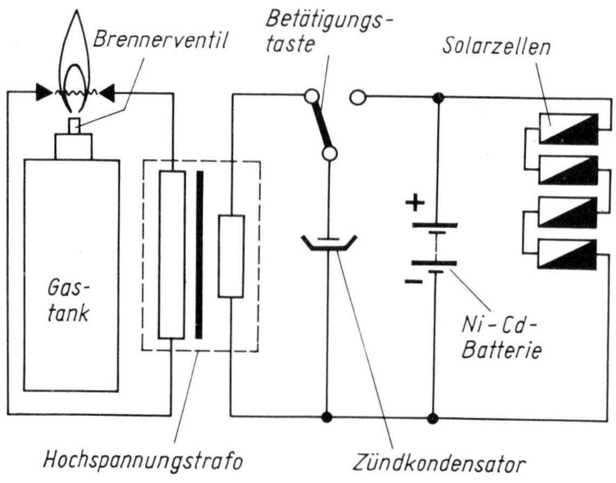

Feuerzeug mit Solarzellen:
im Vordergrund rechts sind der Zünd-
einsatz und eine Knopfzelle abgebildet.

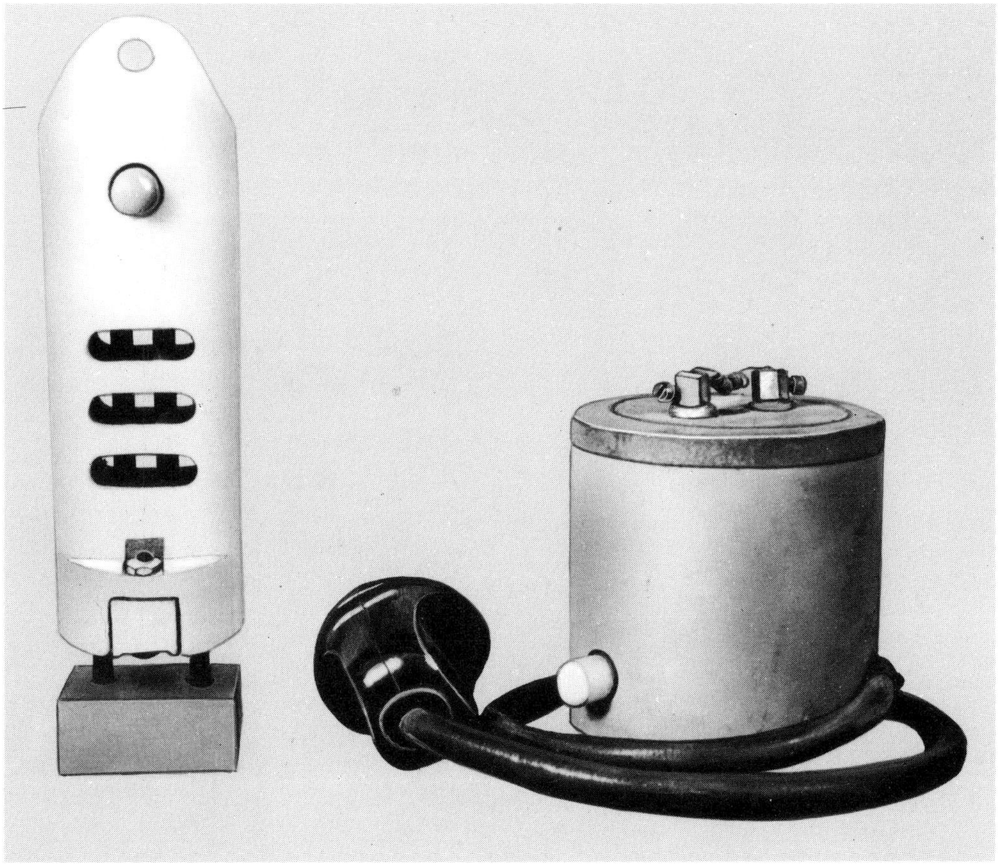

Als die Zündhölzer knapp waren, gab es mit den Elektro-Feuerzeugen Feuer aus der Steckdose

Als kurioser Eigenbau entstand eine Ringmeß-waage mit Feuerzeug, Ascher, Kalender und Glocke

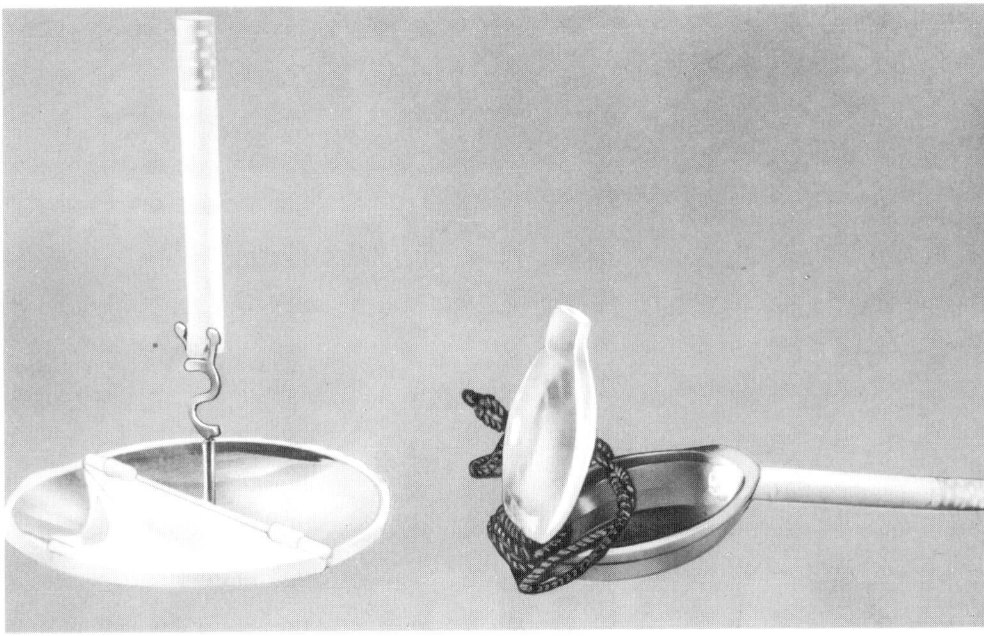

Nutzung der Sonnenenergie mit Lupe und Hohlspiegel an modernen Feuerzeugen

Moderne Einweg-Feuerzeuge aus Japan, England, Holland und Frankreich

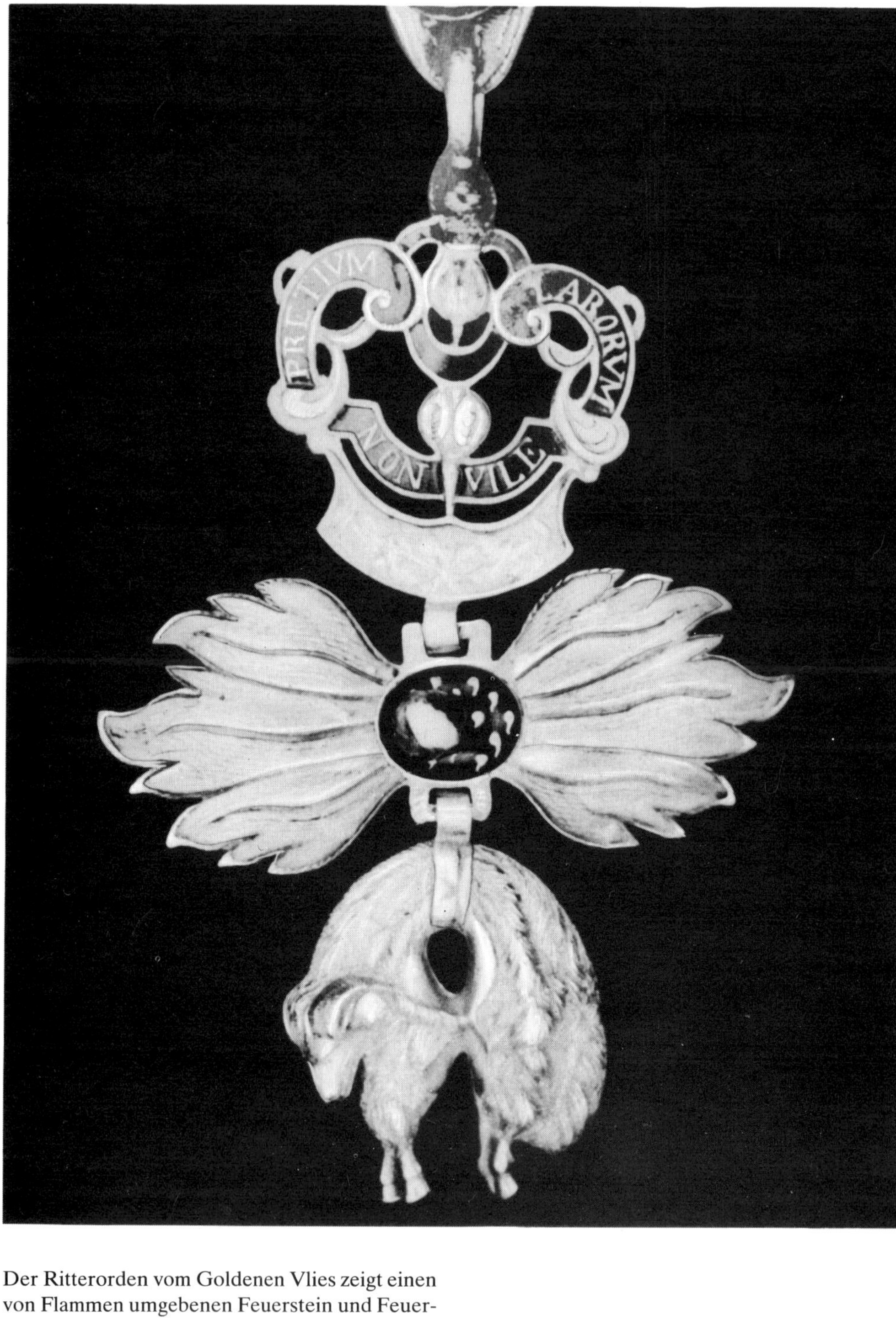

Der Ritterorden vom Goldenen Vlies zeigt einen von Flammen umgebenen Feuerstein und Feuerstähle

Quellen- und Literaturverzeichnis

Andersen, H. C: Märchen. – Leipzig: F. W. Hendel-Verl., 1927

Beckmann, J.: Beiträge zur Geschichte der Erfindungen. – Leipzig, 1776

Boettger, C. R.: Hundert Jahre schwedische Zündhölzer. – In: Abhandlungen der Braunschweigischen Wissenschaftlichen Gesellschaft. – Braunschweig (1951) Bd. 3

Brockhaus, F. A.: Encyklopädie der Wissenschaft und Künste. – Leipzig, 1846

Conrad, W.: Technische Kuriositäten. – Leipzig [u. a.]: Urania-Verl., 1985

Crass, M. F.: A History of Match Industry. – In: J. Chem. Educ. – 18 (1941)

Diesel, E.: Rudolf Diesel – sein Leben, sein Schicksal. – Stuttgart: Reclam, 1953

Diesel, R.: Die Entstehung des Dieselmotors. – Berlin, 1913

Eichelberger, U.: Zitatenlexikon. – Leipzig: Bibliographisches Inst., 1981

Engels, S.; Nowak, A.: Auf der Spur der Elemente. – Leipzig: Dt. Verl. f. Grundstoffindustrie, 1971

Feix, G.: Das große Ohr von Berlin. – Berlin: Verl. Das Neue Berlin, 1975

Feldhaus, F. M.: Technik der Vorzeit, der geschichtlichen Zeit und der Naturvölker. – München: Heinz Moes Verl., 1965

Feustel, R.: Technik der Steinzeit. – Weimar: H. Böhlaus Nachfolger, 1973

Gusinde, M.: Urmenschen in Feuerland. – Berlin: Springer Verl., 1946

Hartig, H.: Zündwaren. – Leipzig: Fachbuchverl., 1965

Hartig, H.: Unterhaltsames über Zündwaren. – Leipzig: Fachbuchverl., 1986

Helberg, H.: Hundert Jahre Phosphorreibzündholz. – In: Schriftenreihe der Fachgruppe für Geschichte der Technik beim Verein Deutscher Ingenieure, 1935

Hermann, P.: Altdeutsche Kulturbräuche. – Jena: Gustav Fischer Verl., 1928

Jacobi, F.: Römerkastell Saalburg. – Homburg: Mayer, 1897

Kuhn, A.: Die Herabkunft des Feuers und des Göttertrankes. – In: Mythologische Studien (1886)

Lichtenberg, G. C.: Göttinger Taschenkalender. – Göttingen, 1784

Linke, D.: Johann Wolfgang Döbereiner – ein Leben für die Wissenschaft. – In: Wissenschaft und Fortschritt. – Berlin (1974) 10

Lips, J. E.: Vom Ursprung der Dinge. – Leipzig: Bibliographisches Inst., 1953

Marschall, C. F.: Anweisung zur Verfertigung aller Sorten Feuerzeuge und Feueretuis. – In: Literarischer Centralcomteir (1823)

Mittasch, A.: Döbereiner, Goethe und die Katalyse. – Stuttgart: Hippokrates Verl., 1951

Motz, P.: Gedichte in Henneberger Mundart. – Meiningen, 1925

Niemann, W.: Über die älteste Art der Feuererzeugung. – In: Geschichtsblätter für Technik, Industrie und Gewerbe. – (1915) Bd. II

Oberhummer, W.: Altes und Neues zur Geschichte der Feuererzeugung. – In: Blätter für Technikgeschichte. – Wien, 1962

Pfeiffer, L.: Die Werkzeuge des Steinzeitmenschen. – Jena: Gustav Fischer Verl., 1920

Planck, M.: Die Feuerzeuge der Griechen und Römer und ihre Verwendung zu profanen und sakralen Zwecken. Programm des Karl-Gymnasiums in Stuttgart. – Carl Liebich Verl., 1884

Rosegger, P.: Als ich noch der Waldbauernbub war. – Wien: Globus Verl., 1955

Sax, E.: Die Hausindustrie in Thüringen. Teil III. – Jena, 1888

Schillinger, K.: Brennspiegel und Brenngläser von Ehrenfried Walther von Tschirnhaus. – Dresden: Staatlich Mathematisch-Physikalischer Salon. – Dresden, 1980
Stricker, W.: Die Feuerzeuge. – Berlin: Lüderitz'-sche Verlagsbuchhandlung, 1874
Schweiggers Journal, 1823 und 1828
Wanderer, K. F. W.: Deutsches Sprichwörterlexikon. – Darmstadt: Wissenschaftliche Buchgesellschaft, 1977
Zedler, J. H.: Großes vollständiges Universal-Lexikon aller Wissenschaften und Künste. – Leipzig, 1731–1754

Bildnachweis

Archiv Brandes: 34o., 41, 45, 46
Archiv Jarschel: 33 u., 34 u., 35, 36 o., 37, 38 u., 39, 40, 42, 43, 47, 48, 82, 87–96, 129–144
Kreismuseum Plauen; Falk, J.: 83
Kreismuseum Genthin: 33 o.
Mathematisch-Physikalischer Salon Dresden: 81
Museum für Deutsche Geschichte, Berlin: 44
Nationale Forschungs- und Gedenkstätten in Weimar; Goethe-Nationalmuseum Weimar: 84 bis 86
Sächsische Landesbibliothek Dresden, Abt. Deutsche Fotothek: 36 u., 38 o.

Namenverzeichnis

Sachwortverzeichnis